DSLR 數位攝影寶典。

Bryan Peterson's Understanding Photography Field Guide : How to Shoot Great Photographs with Any Camera

布萊恩・彼得森 著

BRYAN PETERSON'S
UNDERSTANDING PHOTOGRAPHY FIELD GUIDE

HOW TO SHOOT GREAT PHOTOGRAPHS
WITH ANY CAMERA

Amphoto Books
an imprint of The Crown Publishing Group
New York

國家圖書館出版品預行編目資料

DSLR 數位攝影寶典 / 布萊恩・彼得森 著
施威銘研究室 譯.-- 臺北市：旗標, 2011.12 面； 公分

譯自：Bryan Peterson's Understanding Photography Field Guide：How to Shoot Great Photographs with Any Camera

ISBN 978-957-442-988-2 (平裝)

1. 攝影技術 2. 數位攝影

952 100018203

作　　者／布萊恩・彼得森 (Bryan Peterson)
翻譯著作人／旗標出版股份有限公司
發 行 人／施威銘
發 行 所／旗標出版股份有限公司
台北市杭州南路一段15-1號19樓
電　　話／(02)2396-3257(代表號)
傳　　真／(02)2321-2545
劃撥帳號／1332727-9
帳　　戶／旗標出版股份有限公司
總 監 製／施威銘
行銷企劃／陳威吉
監　　督／孫立德
執行企劃／陳怡先
執行編輯／陳怡先
美術編輯／薛詩盈
封面設計／古鴻杰
校　　對／陳怡先
校對次數／7 次

新台幣售價：450 元
西元 2012 年 3 月 出版
行政院新聞局核准登記-局版台業字第 4512 號
ISBN 978-957-442-988-2

問題不在於你看到了什麼，而是你看出了什麼。
——梭羅 (Henry David Thoreau)

目　　錄
CONTENTS

數位基本觀念

曝光

光圈

快門速度與 ISO

學會去「看」

拍出攝動人心的影像

光的重要性

近拍與微距攝影

拍攝人物

玩攝技：特別的攝影技巧

實用攝影工具

序

introduction

我曾不只一次遇到別人對我感嘆著:「我的時間都花到哪裡去了?」就我而言, 寫這本書著實讓我在各個領域大開眼界, 特別是意識到我把時間都花在哪了。撇開其它的不談, 從我大哥 (比爾) 把一台相機交給我的那一天起, 也已經過了 40 年 —— 這種時間的意識是一種熱情的證明, 也是最好的、**隱形的**計時器!從日曆上我知道今年 (2011) 我已經 58 歲了, 但我的心靈仍停留在 18 歲時的感覺, 對我而言, 每一天都是適合拍照片好機會!

時間回到 1970 年, 那時的我不過剛從高中畢業, 而且說實在的, 我從沒想過要當個攝影師 —— 當時我想做的是一名商業藝術家或是漫畫家, 還在家鄉當地的藝術工藝節上銷售我的鋼筆風景畫, 並初嚐到銷售成功的喜悅。那時我唯一的抱怨, 是我得多花許多時間開著我的福斯金龜車, 跑遍美東太平洋沿岸的每個景點作畫;於是比爾建議我借用他的相機去拍下這些風景, 然後在他的暗房裡沖洗成 10" × 8" 的照片, 如此一來我就可以在舒適的家裡看著這些照片畫畫。

接下來的 3 天, 我就這樣帶著相機出去拍了 2 卷黑白底片, 隔一天再到我哥的暗房裡, 在他的協助下底片立刻顯影成一張張的照片 —— 而我完全被吸引住了, 簡直大呼過癮!在後續的 8 個月裡, 我買了更多的黑白底片, 並盡所能地拍下更多的照片, 但卻也留下在我人生中所犯下最美麗的錯誤之一。

有次我到鎮上的一家相機店, 看都沒看就直接從櫃檯的籃子裡買了 3 卷 "過期" 的愛克發 (Agfachrome) 35mm 底片, 完全沒注意到這些是『彩色正片』;等我花了一個周末的時間拍完照, 並回到我哥哥的暗房時, 他馬上指出這些膠卷並不是黑白底片、而是彩色的。當時的我並沒有激動到衝進相館要求沖洗這些彩色相片，但我哥則勸我應該這麼做：「因為你永遠不知道... 或許你會喜歡上色彩。」您問我對這些有顏色的照片有多麼地開心？這樣說吧，在過去這 40 年間，我已拍了將近 99% 栩栩如生的彩色照片！

從許多方面來說，我都很幸運在攝影還處於『手動』時代就被引領進來。回想過去那些日子，市面上幾乎沒有一本教您如何攝影的書，但這卻促使我實際地去瞭解相機和鏡頭是如何運作的 —— 去解開有關於曝光、景深、視角等奧秘，並學著去挑戰構圖和光線之間的完美搭配。

像我每按一次快門，都會詳細記錄當下設定的光圈、快門速度、與所用的鏡頭焦段（也就是所有的『曝光設定』），同時我還會註記拍攝的時間和地點。正因為有這樣的記錄，讓我可回想並確認當初為什麼有些曝光成功了，而有些卻失敗了；又為什麼有時候景深可以如實呈現我心中所想的，而有時候卻做不到；或為什麼側光最可以表現出主體的紋理與質感，而逆光卻只會拍成剪影。

自 1970 年夏天之後，由於數位時代的來臨，攝影界產生了巨大的變化 —— 但應該是說，看似完全變了樣，但其實根本就沒變！每台相機仍舊只是個不透光的『盒子』，其中一頭裝著鏡頭，而另一頭則有著感光的裝置（無論是底片或數位晶片），至於光線從鏡頭進入到成像（無論是底片或數位儲存媒體）的過程也還是一樣，這種記錄影像的方式仍然稱之為**曝光**！

還記得在 1900 年某一次的研討會上，我開玩笑的說：「我正在等哪家鏡頭廠推出一顆 20-400mm f/2.8 ED [IF] 變焦鏡頭」，雖然目前仍然沒有這樣的鏡頭，但我可以坦白說，如今我們已處在一個遠超出過去我所想像的世界了！像現在，您可隨時帶著 1 台相機和 1 顆鏡頭就出門，並盡情地去拍攝任何您想捕捉的題材 —— 不論是近距拍攝蝴蝶、遠距捕捉棕熊，或是天空中逐漸西沉的那顆橙色大火球。

由於光學技術的進步，如今的變焦鏡頭已經能和過去一度備受青睞、解像力較高的定焦鏡頭相匹敵，然而，挑戰依舊存在著 —— 不論鏡頭的變焦倍率有多高、或解像力有多銳利，為了提升個人的視野，您必須先徹底地去實作、去練習。為此，本書將會深入探討『個人視野』這樣的主題，幫助您釋放無關科技的內在視野；無論您用的是傳統底片相機，或是和現今大多數人一樣改用數位相機，一張乏善可陳的照片和一張令人讚嘆的照片，其差別就在於**創意**。

創意或許可說是結合創造、想像、靈感、與感知的綜合體，目前業界所生產的相機，還沒有哪一台有辦法自動搜尋獨特有趣的題材，也沒有哪台相機會提醒您旁邊還有另外 2 個更棒的畫面等您去拍攝；沒有哪台相機可憑本能判斷拍照的關鍵時刻，更沒有一台相機可以有系統地在底片或感光元件曝光前安排好一個和諧悅目的構圖 —— 這些向來都是美好的攝影世界裡永遠不變的挑戰，成敗的主要責任就在攝影者的肩膀上。

正如我在先前出過的書中所提到，本書旨在破除「影像即藝術」的狹隘迷思，像您一定可以很快看到、並區別出『正確曝光』和『有創意的正確曝光』之間有何不同，此外還會發現 ISO 感光度的幾個迷思；若您能照此書所提供的練習及挑戰勤下功夫，您必定會發現自己正在以從未想像過的角度看世界，我在特別抽象的鄉村風景、城市景觀、花朵特寫、人物及主題特寫等方面，毫不保留地提供見解、想法、有用的提示及秘訣在此書中。

總而言之，此書著重於什麼樣才是、應該在哪裡拍以及如何能拍出成功的照片，這是一本關於點子的書 —— 那些充斥在我們生活周遭的點子；我的使命在教您如何撒網抓魚，以及捕獲這些點子的能力。對大多數的讀者而言，此書中的素材將會是一個全新的領域，但就已懂攝影的人來說，這可能只是老生常談，不論您是否嘗試各種的建議，您可大膽地斷言您懂什麼是曝光，還可以說：「我不僅比以前看到的還多，更懂得如何去曝光。」

最重要的是我希望您們可以享受這些資訊，不要執著於「怎樣做才對」，如果

Nikon D2X, 17-55mm (17mm 焦距), ISO 100,
光圈 f/8, 快門速度 1/250 秒

說這幾年來學生或是同事所告訴我的一件事，那就是拍照並沒有一定的公式技巧，它純粹只是一種簡單且不斷成長、結合了智慧、觀察、想法及按下快門的勇氣。

數位基本觀念

過去 5、6 年來, 我幾乎都是用數位相機拍照, 除了偶爾會有客戶同時要求底片和數位檔案, 且曝光時間超過 30 秒以上的情況外, 我完全是個 100% 的數位相機愛好者!

當然了, 我也和許多經驗豐富的專業攝影師一樣, 在很多方面都必需從頭開始 —— 起初非常辛苦, 因為有這麼多東西要學, 但這些努力讓我想起年輕時第一次拿相機的感覺, 當時的每一天都是充滿好奇、驚喜、挑戰, 以及那種像是孩童一般的感覺又浮現在腦海裡。

那時的我不停地閱讀各種新知, 也等不及去嘗試各種拍攝技巧, 我簡直就像是一個在糖果店裡的小孩一樣!現在, 不論您是剛開始接觸攝影, 或者是已經摸索了一段時間, 在進入攝影的殿堂之前, 我想要和您分享一些數位攝影的重要觀念及秘訣。

檔案格式

目前, 常見的數位影像格式有 2 種選擇, 可讓您在拍攝後以 "電子檔案" 的型態儲存到記憶卡上, 而其所指定的**檔案格式**不僅會影響到影像的細節、銳利度、對比度和色彩, 也關係到影像長期的穩度定 —— 這 2 種檔案格式分別是 **JPEG** (Joint Photographic Experts Group) 和 **RAW** (這並非是個縮寫字, 而是指 "生的"、"未經處理" 的意思)。其中, 很重要的一點是, 這 2 種檔案格式都會有個『特定』的檔案大小, 也就是一定數值的 MB (Megabyte, 百萬位元組), 如 1.7MB、5.7MB、或 17MB 等。

所以, 當您拍下一張照片 (如組成您兒子影像的 1,800 萬像素) 之後, 其影像資訊會先送到相機的影像處理器, 然後再經運算、轉換為 JPEG 檔案格式; 若您選擇的是 RAW 檔, 那麼相機就不會做任何動作, 而是直接存成一個留待後製再處理的 RAW 檔案格式。

同樣重要的一點是, 這 2 種檔案格式都會對應一個特定的檔案大小, 且 JPEG 格式的檔案會比 RAW 格式的檔案來得小。就以同一台相機、同一張記憶卡 (即總儲存容量固定) 來說, 用 JPEG 拍攝的張數大約會是 RAW 檔的 3 ~ 4 倍之多 —— 這也就是為什麼許多攝影人還是比較喜歡用 JPEG, 雖然說我還是比較希望您能用 RAW 檔拍照, 稍後就告訴您為什麼。

JPEG

許多攝影人並沒有注意到, JPEG 檔案並**無法**提供像 RAW 檔那麼廣的色彩範圍, 也無法讓您在後製時可以任意地 "調整" 曝光。正因如此, 許多相機手冊、攝影書、攝影雜誌等, 都會一致建議如同我所要建議的:「如果您堅持用 JPEG 拍攝 (副檔名為 .jpg)、又非常在乎影像品質的話, 請在相機選單中設定為 **JPEG 精細** (JPEG FINE); 或在另存新檔時, 將 Photoshop **JPEG 選項**對話窗中的影像**品質**設為 **12**, 才能獲得 "最高畫質" 的影像檔。」

有一點要特別注意的, 這裡所謂的 "最高畫質", 是指當影像存檔後您就不再去動它了, 如果您還想再做任何後製或編修動作 (也就是說, 開啟圖檔後調整**色彩平衡**或**亮度/對比**等, 然後再次儲存), 就會再次壓縮檔案, 影像品質也會跟著降低 —— 所以, 無論您想怎麼 "修", 請在當下『一次到位』, 之後就不要再去動 JPEG 檔了!

撇開 JPEG 存檔的問題不談, 在用 JPEG 拍攝時還是有些問題需要考慮的, 那就是 JPEG 本身是**壓縮**的檔案格式! 它在捕捉場景中的每一個色彩和對比等小細節時, 是採用『均化』的捷徑手法, 先平均出 "相似" 的色彩與 "相似" 的對比, 然後再像擠海綿般地將影像資料 "壓縮" 成一個小圖檔 —— 換言之, 使用 JPEG 檔會讓您失去很多在色彩層次的細微變化。

對我來說, 唯一會用到 JPEG 的情況, 只有當您打算將照片傳到網路上, 好與您的家人或朋友分享的時候, 而且應該用 RAW 檔來轉成 JPEG, 您將會發現這只需要一眨眼的時間 —— 就這點來看, 我是個完全使用 JPEG 的人, 但這些 JPEG 都是從原始的 RAW 檔轉出的。

記憶卡 vs. 寫入速度

在您決定哪個廠牌的記憶卡是最好之前, 請一定要把記憶卡的**寫入速度** (Write Speed) 考慮進去! 因為寫入速度愈快 (高), 代表相機的影像處理器可用更少的時間去處理每次的曝光 (寫入資料), 也就能愈快把影像傳送到 LCD 觀看。

目前, 大部分的記憶卡是使用與 CD-ROM 相同的方式來計算資料的傳輸速度 —— 也就是 1× 代表其傳輸速度為 150 KB/Sec; 所以, 如果記憶卡上標示的寫入速度為 400×, 自然就比標示 200× 的來得快, 當然也會比較貴一些。

此外, 當記憶卡的寫入速度都相同的情況下, 相機影像處理器的速度也同樣重要: 若影像處理器的存取速度達不到記憶卡所能提供的最大傳輸速度, 那麼花大錢買再快的記憶卡都沒啥意義了!

RAW

我再強調一次, **RAW** 這個字並不是任何字串的縮寫, 而我自己則是把它解釋成『神來之筆』 (Really Amazing Work) 的字首縮寫; 如果說, 您想讓影像得到最完美的曝光, 並擁有絕佳的色彩與對比, 那麼 RAW 檔將是您最好的選擇。

再者, **RAW** 這個字眼也不是副檔名 (即 ".raw") 的意思, 因為 RAW 檔其實只是把相機影像處理器所 "捕獲" 的曝光資料儲存下來, 至於其檔案格式和附檔名型態, 則會依相機廠商或型號而有所不同。

正因如此, RAW 檔必須先經過 RAW 影像編輯軟體處理、轉換, 才可列印出來或做進一步的應用 —— 這也是 RAW 和 JPEG 最大的不同之處! 目前可用來處理 (或管理) RAW 檔的軟體有 Adobe Bridge、Adobe Photoshop Lightroom, Apple 電腦的 Aperture, 或 Nikon 的 Capture NX、Canon 的 Digital Photo Professional (DPP) 等。

用 RAW 檔, 您至少可將曝光不足 (或曝光過度) 2 ~ 3 級的照片拉回正確的曝光值, 也可以改變**白平衡**或**色溫**, 調整**清晰度**和**細節飽和度** (Vibrance), 進行**銳利化**, 將影像從彩

RAW＋JPEG：兩個不比一個來得好

目前, 許多相機都提供可同時儲存 RAW 與 JPEG (RAW+JPEG) 的選項, 但我是絕對不會這麼 "瘋狂" 的! 理由很簡單: 同時儲存 2 種檔案格式, 就代表所需要的儲存空間會愈大, 這也意味著記憶卡將很快就滿了。

當然, 現今記憶卡的價格實在是太便宜了, 但這些拍回來的『影像檔』總得傳到電腦上 —— 我相信您一定知道, 電腦上的硬碟空間 (包括外接的行動硬碟等) 將會很快就被 "塞爆"。那麼, 這麼做是為了什麼呢?

色轉換為黑白或棕色調等 —— 但它仍舊維持著 RAW 檔的特性；且無論 "動" 過多少改變, 當您完成調整作業後, 就可將其匯入影像編輯軟體 (如 Photoshop) 中, 再做必要的編修處理。最後, 在存檔時請選擇**另存新檔**, 並將檔案**格式**指定為 **TIFF**, 就可永久儲存這些變更。

補充 在編輯 RAW 檔時, 不管何時、或基於哪種理由, 只要您想重新來過, 都可以在 Carema Raw 中選擇**重設 Carema Raw 預設值**, 就可以讓 RAW 檔回復到編修前的原始狀態。

所以, 當考慮 JEPG 和 RAW 之間最主要的差異時, 您可以這樣想：JPEG 是塊已 "處理" 好的牛肉 (有基本的醬料), 您只需買回家後放進烤箱或用鐵板烤熟, 馬上就可以享用『現成』的一餐。

反之, RAW 則是塊未經處理的生牛肉, 至於您則必須扮演 "主廚" 的角色, 從廚房中所有必備的香料、醬汁、調理器具等, 都由您一手包辦 —— 該如何 "處理" 這塊牛肉, 或是要添加什麼、不添加什麼佐料等, 完全取決於您。

或許, 您根本不擅 "烹調" (譯註：在此是比喻不懂得如何編輯 RAW 檔), 但在準備的過程中, 卻可以學到一些真正基本的、而又寶貴的技能；相信不久之後, 您就會在家人和朋友面前, 秀出您最完美的 "一餐"！

想想看, 在您拍攝的 100 張影像中, 說不準只有不到 10 張是會被您保留下來的『好照片』；至於其他的 90 張, 相信您和我一樣, 是絕對不會分享給其他人看的, 而且最後都會毅然決然地把這些檔案全都刪除掉, 好騰出更多的儲存空間來存放那將真正值得的『好照片』！

如果您真的需要同時拍攝 JPEG 與 RAW, 那麼我會建議您先在相機上做好初步的篩選與編輯作業, 然後再把這些 RAW 與 JPEG 同時傳到電腦上。

回復 RAW 影像的初始設定

如果人類也可以簡單地按下一個按鈕, 就回到**我們** "最原始" 的狀態, 喔～ 那麼這世界會有多麼美好啊!

想想看, 無論是第一次約會或面試, 我們每個人或多或少都會花點時間整理自己的儀容衣裝, 並做些準備, 但後來才發現事與願違, 或期待落空 —— 如果時光真能倒轉, 重新來過, 或許會有更好的結果也說不一定。

同樣的, 當我們在處理 RAW 檔的過程中, 也會發生類似的情況, **然而**不同於現實生活, 您隨時都可以回到最開頭, 然後重新再編輯一次 RAW 檔 —— 先前編修的影像, 也許是**飽和度**調得太豔, **對比**不足, 也或許只是**白平衡**設錯了...

如今, 許多攝影人已經從這樣的 "驚奇" 中, 發現了拍攝 RAW 檔的樂趣:無論您開啟過 RAW 檔多少次, 也不論您想做怎樣的調整或編修, 您隨時都可以返回到最原始的 RAW 影像, 並從頭來過!

您或許要問：那我到底該如何做, 才能回復到最原始的 RAW 影像呢?

這裡我以 Camera Raw 的畫面為例, 在**白平衡**功能選項上方的**基本**欄右側, 您會看到一個小小的 ☰◢ 圖示, 點按該圖示後會蹦跳出一個下拉式選單, 接著請直接選取最下方的**重設 Camera Raw 預設值**。瞧, 現在 RAW 影像已經回復到最初由相機所拍攝的那個原始圖檔了。

沒錯, 就是這樣, 您可以一遍再一遍的重來...

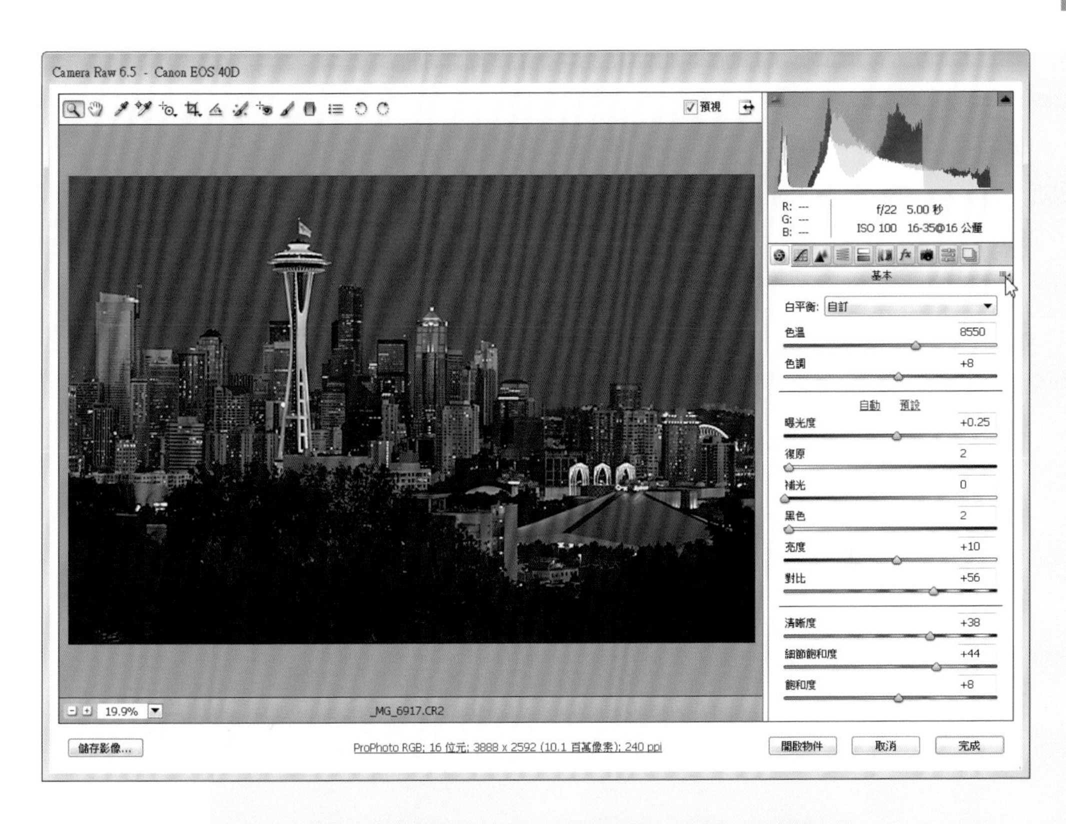
Camera Raw 6.5 - Canon EOS 40D
預視
R: ---
G: ---
B: ---
f/22 5.00 秒
ISO 100 16-35@16 公釐
基本
白平衡: 自訂
色溫 8550
色調 +8
自動 預設
曝光度 +0.25
復原 2
補光 0
黑色 2
亮度 +10
對比 +56
清晰度 +38
細節飽和度 +44
飽和度 +8
19.9%
_MG_6917.CR2
儲存影像...
ProPhoto RGB; 16 位元; 3888 x 2592 (10.1 百萬像素); 240 ppi
開啟物件
取消
完成

Camera Raw 6.5 - Canon EOS 40D
預視
R: ---
G: ---
B: ---
f/22 5.00 秒
ISO 100 16-35@16 公釐
基本
白平衡: 自訂
色溫 8550
色調 +8
自動 預設
曝光度 +0.25
復原 2
補光 0
黑色 2
亮度 +10
對比 +56
清晰度 +38
細節飽和度 +44
飽和度 +8
影像設定
Camera Raw 預設值
上一個轉換
自訂設定
預設集設定
套用預設集
套用快照
清除讀入的設定
轉存設定成 XMP
更新 DNG 預視
顯示格點 V
載入設定...
儲存設定...
儲存新 Camera Raw 預設值
重設 Camera Raw 預設值
點按此處
點選此項目
19.9%
_MG_6917.CR2
儲存影像...
ProPhoto RGB; 16 位元; 3888 x 2592 (10.1 百萬像素); 240 ppi
開啟影像
取消
完成

16 位元模式與色彩空間

絕大部分的人都是到後製時才來處理 RAW 影像, 當您準備編修時, 請記得在 **16 位元模式**下進行作業 —— 因為在 8 位元模式下, 影像的每個色版 (R、G、B 三原色) 只會有 256 個階調, 但反觀 16 位元模式, 則可有超過 65,000 / 色版的階調表現！

當編修完成之後, 您只需把圖檔從 16 位元模式轉為 8 位元模式, 接著選擇**另存新檔**, 將 RAW 檔轉存為 **TIFF** 格式 —— 這樣不僅無損於影像細節, 而且檔案大小也會比原影像的少了快一半 (50%) 左右。

然而, 如果 LCD 螢幕的**色彩空間** (Color Space, 色域) 是設定為 sRGB, 那麼前面所做的一切 (獲得最多的色彩階調) 都是 "白搭", 編輯 RAW 檔也都沒有任何意義了 —— 因為在 Photoshop 中就只會以 sRGB 的色域範圍當成預設的色彩空間。

為什麼呢？因為 sRGB 是設計給「網頁色彩」用的色域標準, 或者可比喻成是 "對顏色正確性不那麼要求" 的色彩空間；但在這裡, 特別是編輯 RAW 影像, 顏色準不準可是『大條代誌』, 怎能輕忽大意！

所以, 如果您還沒有做好設定, 請先按下 Ctrl + Shift + K (Windows) / ⌘ + shift + K (Mac) 組合鍵, 開啟**顏色設定**交談窗, 在 **RGB** 欄位中選取為 **Adobe RGB (1998)** —— 除非以後您有聽到一個更好的新色域 (可能是未來的某一天), 否則請不要去更改這個設定。

此外, 同樣重要的是：市場上大部分的 DSLR (或數位相機) 也都提供了 **sRGB** 和 **Adobe RGB** 色彩空間的功能選項, 所以請再一次確認相機上的設定是否為 Adobe RGB —— 這樣就可確保相機上的色彩描述檔 (Profile) 與電腦上的一致。

補充 如果兩者的色彩描述檔不一致的話, 那麼每一次在開啟檔案時, 您就會看到螢幕上跳出類似這樣的訊息：『嵌入的描述檔不符, 您要轉換或放棄？』

影像中最難得的就是表現出最純粹的色彩, 如絕對的紅色、黃色、或橙色, 而這張照片就是最好的示範。

原圖是以 **Adobe RGB (1998)** 的色彩空間拍攝, 並在 16 位元模式下進行後製處理, 所以可忠實呈現出不同深淺色調的紅色、黃色、與橙色；萬一您用肉眼無法從螢幕上看到如此豐富多彩的細節層次, 或許只需換成另一種色彩空間, 就能輕易解決這樣的問題。

最後, 當您已編修完畢, 並想將這張 "完美" 的作品上傳到網路上分享時, 請務必注意以下幾點：首先利用**影像尺寸** (**解析度**請設為 72 dpi) 縮圖, 然後將色域轉回「網頁用色彩」——也就是 sRGB 色彩空間, 然後另存為 .jpg 圖檔。

Micro-Nikkor 105mm 鏡頭, ISO 50, 光圈 f/11, 快門速度 1/30 秒

白平衡

對我來說, 除了色階分佈圖外, 白平衡 (WB, White Balance) 設定是數位相機中過於被誇大的功能之一！許多人都一再強調白平衡的重要性, 但除非有人能告訴我這中間的理由, 否則, 我通常只會在第一次拿起相機時去設定它, 然後就不再去管它了, 以下就告訴您為什麼。

每一張彩色相片都包含不同程度的這些顏色在裡頭, 且很大一部份取決於光的**色溫**, 但在這裡有一點與直覺相反的, 那就是藍色的光似乎是比較 "冷" 的, 但它卻是比紅色光的『溫度』來得更高。

在攝影上, **色溫**是以凱氏溫標 (Kelvin Scale) 來衡量的, 單位為 K, 範圍約從 2,000K 到 11,000K —— 其中, 7,000K ~ 11,000K 的色溫被認為是 "冷冽的" (偏藍色調), 2,000K ~ 4,000K 的色溫則被認為是 "溫暖的" (偏紅色調), 而介於 4,000K ~ 7,000K 的色溫, 則被當作是 "太陽光" (白光, 即紅、綠、藍三原色的組合光)。

偏冷 (偏藍) 的光線出現在陰天、雨天、起霧、下雪、或是在晴空下的戶外陰影區域等, 而偏暖 (偏紅) 的光線則出現在大晴天、黎明之前到日出後約 2 小時的時段、以及從傍晚前約 2 小時到日落後的 20 ~ 30 分鐘內 —— 另外, 像一盞 60W 白熾燈泡 (鎢絲燈) 所發出的光, 也屬於暖調光。

如今的數位相機讓您以為在每一個光照條件下, 您都必須在拍攝前先指定好正確的白平衡 (或色溫) 設定 —— 但這至少需要一張色溫表 (而且相當昂貴), 或是先在鏡頭前先用一張 A4 大小的白紙『自訂白平衡』之後, 相機才會知道該怎麼設定才正確, 也才能還您一張 "完美、無色偏" 的顏色。

『沒有色偏』或許是許多人的想法, 但我不這麼認為, 因為～ 我愛色彩！在傳統底片時代, 我 90% 的照片都是用最飽和的底片拍的 —— 特別是 Kodak E100VS, 它是一種高飽和色彩的正片。多年來, 當在陰天、雨天、起霧、下雪、大晴天、或是在晴空下的戶外陰影區拍攝

上左圖是用**自動**白平衡拍攝正中午的一個典型範例, 影像中的顏色都相當準確, 因為日正當中的光線是整個偏藍 (冷色調) 的；至於右邊這張則是改用了**陰天**白平衡, 所以看起來就比較 "溫暖" 些。

兩張照片：17-55mm 鏡頭 (24mm 焦距), 光圈 f/16, 快門速度 1/125 秒

時, 我會用 81-A 或 81-B 暖調濾鏡, 來消弭場景中的偏藍色調 (因為我喜歡我的影像溫暖一點), 也就是多加一點暖色光, 來降低冷色光的影響。

事實上, 在我剛接觸數位攝影時, 一個很大的問題就是無法從 RAW 檔中編修出相同的高飽和色彩, 直到我某一天碰巧設定了**陰天**白平衡後才解決 —— 這也帶出了我的白平衡設定, 沒錯！就是**陰天**白平衡, 大部分的數位相機都有這個選項, 而我都是把白平衡設定在那。

補充 如果您覺得**陰天**白平衡有點太 "暖" 了, 還是可在後製時改為自動、日光、陰影、鎢絲燈、日光燈、或閃光燈等白平衡設定, 當然, 這是假定您以 RAW 檔來拍攝 (這又是一個拍 RAW 的好理由)。

當我將白平衡設定為**陰天**，那種暖調感就像是用 Kodak E100VS 正片拍的一樣，所以在戶外拍攝時，不管是晴天、陰天、雨天、起霧、或下雪，我從沒有改變過這個設定 —— 只有當遇到那種千載難逢的場合，或確定可能會有更好的白平衡設定時，我會先拍 RAW 檔，然後在後製階段再來做白平衡調整。

之所以做這樣的決定，是因為我很少在室內（人造光源）拍攝 —— 我是個崇尚自然光源的戶外攝影師。所以，只有當在家裡的小工作室內拍攝以白色背景布搭景的被攝體，或用閃光棚燈來進行商業（品）攝影時，我才會改變我的白平衡（通常是**閃光燈**白平衡）。

此外，我還是個只在特定時段才拍照的攝影師：以晴天為例，我只在一大清早、或從午後到黃昏之間拍攝，至於 11:00~15:00 這段時間的太陽光，我戲稱它是 "池畔光" —— 如果附近有個游泳池，您將會發現我正在池畔旁做太陽浴呢！

然而，許多攝影初學者都不想在光線較暖（照片也讓人感覺更溫暖）的清晨或傍晚時分拍照，反而多選在日正當中時才拍，他們的理由是 "這時候光線才足夠亮" —— 但說實話，大太陽下的光線不僅明暗反差大，而且是偏**冷調**光。

儘管如此，這時您不妨多多利用**陰天**白平衡，它所造成的效果可讓您的朋友誤以為您是個早起（或夜歸）的人；不過，明眼人一看就會看出破綻：早上和傍晚的光線會在畫面中留下長長的影子，而中午的光線則幾乎是 "無影" 的 —— 我想精明的讀者一定會體認到這一點的。

陰天白平衡（右頁上圖）讓背景中的太陽顯得更具有真實感，而鎢絲燈白平衡（右頁下圖）則呈現出強烈的冷調感，也讓太陽看起來更像是一顆月亮，好一個巧妙的攝技！

兩張照片：Micro-Nikkor 105mm 鏡頭，光圈 f/2.8，快門速度 1/100 秒
上圖：陰天白平衡 / 下圖：鎢絲燈白平衡

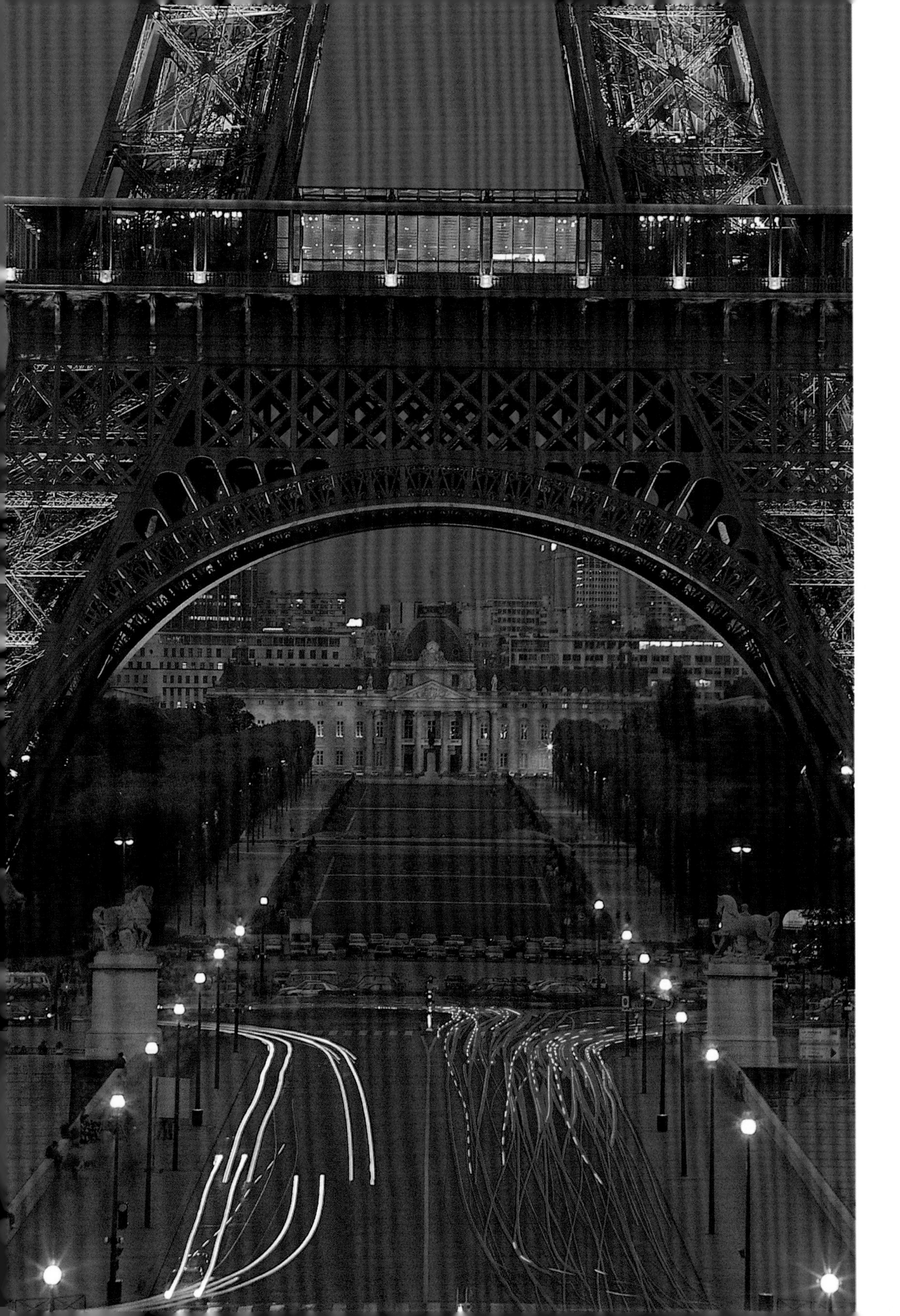

曝光

數位攝影的發展速度可說是 "一日千里", 就連當前最夯的相機、鏡頭、或影像處理軟體, 都可能一下子就被其他拍得更快、更有效率、更高畫質的產品所取代；然而, 儘管數位科技的進步神速, 但在影像的世界裡, 還是有 2 樣東西是不會改變的 (我甚至懷疑它們是否真的會改變) —— 從有攝影的第一天起, 超過 99% 成功的攝影作品都需仰賴**攝影者**的 2 種技能：(1) 有創意的正確曝光 (2) 能創造出絕佳構圖與美感的能力。

這 2 個基本要素是攝影的基礎, 不管您是傳統派還是數位派, 它們到今天依然適用著。當然, 如今在數位相機和相關應用軟體的加持下, 獲得正確的曝光可說是再簡單不過了, 但如何找出『正確曝光』和『**有創意的正確曝光**』之間的根本差異, 就是本章的要旨了。

什麼是曝光？

從攝影術發明以來，只要是將影像紀錄在感光材料上的過程，就叫做**曝光** —— 從最早的相機到現在，一直都是如此！

有時候，曝光 (Exposure) 這字眼是在說一幅作品：「哇～ 這張照片拍得真棒 (That's a nice exposure)！」，但絕大多數的情況，還是指光落在感光體 (底片或數位感光元件) 上的數量與動作。

所以，我最常被問到的問題就是：「我該怎麼曝光？」 (或是 "該曝光多久？")，而我總是回答：「您應該正確曝光！」 —— 這答案看似輕率，但它確實是問題的正確解答！

直到約 1975 年所謂的『自動曝光相機』問世之前，每個攝影者都必須選擇一個適當的光圈與快門速度，才能拍出正確曝光的影像 —— 這 2 個 "變數" 主要是由底片的感光速度 (ISO 值) 來決定，而現場的自然光源則是大部份人在拍攝時的曝光基準，一旦場景光線不夠明亮，他們就會使用閃光燈或是三腳架。

但如今，許多相機都內建了各種自動化功能，這原本是要讓攝影者可以完全地專注於他們想拍攝的主題上 —— 就像 P (程式自動) 模式就是由相機做好一切設定，而您只需按下快門就可以了！哦～ 算了吧，對我來說，P 模式是**最不好**的選擇，因為 P 模式通常拍不出您想要的那個結果。

最常見的就是，您選定了 P 模式來拍照，卻仍然對曝光感到困惑、挫折、不知所措... 為什麼呢？因為您手上這台『全自動』相機並沒有真的那麼 "聰明"，但我們**終究**會希望 (或堅持) 獲得一張正確曝光的影像。

將相機設定為手動 (M) 模式，就可以拍出最符合預期的結果 —— 除非您可推測出畫面中明暗間的曝光值 (EV) 差異，那就可用光圈先決 (A) 或快門先決 (S) 模式。

兩張照片：12-24mm 鏡頭 (24mm 焦距)
左圖：光圈 f/11，快門速度 1/100 秒，快門先決 (S) 模式
右圖：光圈 f/6.3，快門速度 1/100 秒，手動 (M) 模式

練習 exercise

手動曝光的拍攝技巧

據我所知，除了用手動 (M) 曝光來拍攝外，再沒有其他方式可不斷做出正確的曝光了！只要您學會如何在手動曝光模式 (它真的非常簡單) 下拍攝，那麼當改用半自動 (如 A 或 S) 曝光模式時，您將更能預測其曝光的結果。

所以，拿出您的相機跟鏡頭，將相機的模式轉盤設成 M (如果您不知道該怎麼設定，請翻閱手邊的相機使用手冊)，接著找個人來當您練習的主角，到社區公園或院子裡的蔭涼處 (如果是陰天，那麼站在任何位置都可以)。

然後，不管您用的是哪台相機、哪顆鏡頭，都先將光圈的數字設成 5.6 (即 f/5.6)，並讓您的模特兒站在屋子 (或灌木叢) 之前約 2 公尺的地方。好，現在呢，請透過觀景窗來進行對焦，並調整相機的快門速度，直到觀景窗內的測光錶指示為 "正確" 曝光 (通常為 '0') 後按下快門。

沒錯！您剛才就已經做了一張手動的正確曝光。

攝影金三角

在了解手動曝光的操作之後，您還需要知道一些曝光的基本概念，這將會幫助您更懂得如何設定『正確的曝光』。

正確的曝光取決於一組重要的 3 大要素：光圈、快門、與 ISO，這三者始終都是曝光中最核心的概念 —— 我把它們稱為**攝影的金三角**。

在相機或鏡頭上，您都可找到控制光圈的按鈕、轉盤、或撥環 (舊機種的光圈裝置則是位於鏡頭的控制環上)，但無論是哪一種，您都可在這上面看到許多數字，如 4、5.6、8、11、16、22、或 32 —— 但如果您拿的是台小 DC，那麼這組數字通常不會超過 8 或 11。在這裡，每個數字都分別對應到鏡頭的某個光圈值，我們稱之為 **F 制光圈** (*f*-stop)，以攝影術語來說，4 就代表 f/4，5.6 則是 f/5.6，依此類推。

光圈最主要的功能，就是控制進光量 (通過鏡頭抵達感光元件或底片完成曝光的光數量)，數字**愈小**的 F 值，其鏡頭開口**愈大**，反之，數字**愈大**的 F 值，其鏡頭開口**愈小**。

比較有趣的是，當您將光圈**調降** (數字變大)，如 f/4 變成 f/5.6，則通過鏡頭的光量將減為原來的**一半**；反之，如果是將 f/11 改為 f/8，那麼進入鏡頭的光量將增加**一倍** —— 每個減半或加倍的光圈級數，就稱之為**一級**。

這點相當重要，因為目前多款相機不僅具備整級數的設定，還可以 1/3 級數進行調整，如 <u>f/4</u>、f/4.5、f/5、<u>f/5.6</u>、f/6.3、f/7.1、<u>f/8</u>、f/9、f/10、<u>f/11</u>、... 等；其中，有畫下底線的就代表原本的整級數，其他的則是 1/3 級數。

至於快門速度，根據不同的廠牌或型號，相機的快門速度最高可達 1/8000 秒，最慢則是 30 秒；它主要是控制光線可停留在感光元件 (或底片) 的時間長短，至於光圈級數的減半和加倍法則，也同樣適用於快門速度。

容我解釋一下。比方說將相機的快門速度設為 500, 這個數字代表的是『分數』 —— 也就是 1/500 秒;接著再從 500 改成 250, 同樣的, 這代表著 1/250 秒, 再往下則分別是 1/125、1/60、1/30、1/15..., 依此類推。

再者, 無論您是從 1/30 秒改為 1/60 秒 (減少光進入相機的時間), 還是從 1/60 秒調為 1/30 秒 (讓更多的光有更長的時間進入相機), 都是改動一**級**的快門速度;但同樣的, 如今許多相機也提供了 1/3 級的快門速度, 如 1/500 秒、1/400 秒、1/320 秒、1/250 秒、1/200 秒、1/160 秒、1/125 秒、1/100 秒、1/80 秒、1/60 秒、... 等。

補充 同樣的, 這裡有畫下底線的就代表原本的整級數, 其他的則是 1/3 級數。

曝光金三角的最後一個就是 **ISO 感光度**。不論是傳統底片機或數位相機, ISO 值的選擇都直接影響到光圈與快門速度的組合;所以, 請翻到下一頁, 讓我們透過一些討論及練習來認識這個重要的概念。

在阿拉伯聯合大公國的沙迦 (Sharjah, 又稱夏爾迦) 郊外, 我來到某處只有隻身一人在當地工作的苗圃;在經過幾分鐘簡短的談話之後, 我告訴他我**想要**幫他拍張照片。在此我用了一個比較大的光圈值, 好運用失焦模糊的背景來突顯主體 (請參見 **3-12** 頁), 為此我需要一個較快的快門速度, 好彌補大光圈所帶來的 "巨大" 光量。

Nikon D2X 和 70-200mm 鏡頭, 使用三腳架, 光圈 f/5.6, 快門速度 1/400 秒

練習 exercise

了解 ISO 值對曝光的影響與作

為了讓您能更清楚地了解 ISO 對曝光的影響，在此我用『工蜂』來比喻。

當我將相機的 ISO 值設為100，就好比我有 100 隻工蜂，而若您的相機是設為 ISO 200，就代表您有 200 隻工蜂 —— 而這些工蜂的工作，就是收集經由鏡頭進來的光線，並形成影像。

接著，如果我們把鏡頭光圈都設成相同的 f/5.6，也就是通過鏡頭的光量會是相同的，那麼誰記錄影像的速度 (快門速度) 會比較快？是我，還是您呢？當然是您！因為 ISO 200 比 ISO 100 多出了一倍的工蜂。

這和快門速度有何關聯呢？讓我們假定在這裡只有一朵花朵，也別忘了您的 ISO 為 200、而我的則是 100，至於我們的光圈值都定在 f/5.6。所以呢，您會調整快門速度到正確的曝光值，於是得到了 1/250 秒的值，至於我則需要 1/125 秒才能正確曝光 —— 也就是一個較長的曝光時間！這也就是為何您的 200 隻工蜂只需要我 100 隻工蜂的一半時間，就能曝光好一張照片。

這樣的比喻對於您是否了解曝光可說是相當重要，因此請您先放下手上的書本，拿起您的相機與紙筆：無論您要用手動 (M) 或光圈先決 (A) 模式，請將 ISO 設為 200，光圈值定為 f/8，然後對著任何一個明亮的主體進行測光 —— 請撥轉快門速度，直到相機觀景窗中的測光錶顯示為 "正確曝光"，然後寫下這個快門速度。

接著，請把 ISO 值改為 400，並以相同的光圈 f/8 對同一主體進行測光，您會發現測光錶顯示為 "正確曝光" 的快門速度變了、不一樣了，沒關係，請再寫下這個快門速度。最後，請再把 ISO 調高到 800，並重複以上的步驟。

您發現什麼了嗎？當我們將 ISO 從 100 改為 200，您的快門速度或許從 1/125 秒變成 1/250 秒，或者從 1/160 秒變成 1/320 秒 —— 當然這些都只是舉例，得視您實際取景的主體而定，但有一點是絕對不會變的：這 2 組快門速度就算不是倍數關係，也會非常地接近。

換言之，當您將工蜂的數量 (ISO 值) 從 100 增加到 200，就表示完成工作的時間也跟著減半，這也是快門速度所告訴您的意義 —— 從 1/125 秒降為 1/250 秒，共減少了一半的曝光時間，而當 ISO 設為 400 時，就會從 1/125 秒 → 1/250 秒 → 1/500 秒。

正如前述提到這每一個減半的快門速度稱之為『一級』，每一次倍增的 ISO 值 (ISO 100 → ISO 200 → ISO 400) 也稱之為**一級** (增加一倍的工蜂)，遞減亦同。

補充 您同樣可以固定快門速度 (如 1/125 秒)，然後在不同的 ISO 值下改變光圈大小，看看最後顯示正確曝光的光圈值之間有何變化。

測光錶 — 攝影金三角的核心

前面所提到的相機測光錶就是被我稱之為『攝影金三角』的核心, 它是每一次曝光的關鍵, 不論光源是多麼明亮或黯淡, 這個 "核心" 都能測出光的強度, 並預先量測出可正確曝光的數值 —— 測光錶會先確認相機的設定值 (如 ISO 200 時, 光圈設為 f/5.6), 並在您選擇適當的快門速度時, 做出立即的反應與指示。

為了能加深您的印象, 我再舉以下的例子來說明：請您將鏡頭的光圈 (如 f/5.6) 想像成廚房中有一相同口徑的水龍頭, 而龍頭把手 (或轉鈕) 則是快門速度的轉盤；在水槽下方則聚集了 200 隻工蜂, 每一隻都提著一口空籃子, 至於即將通過水龍頭的水量就代表光量。

好, 所以呢, 相機測光錶的工作就是在計算水龍頭需打開多久, 才能讓每一隻工蜂的籃子都裝滿水 —— 由於已知水槽裡有 200 隻工蜂, 也知道水龍頭的口徑是 f/5.6, 根據這樣的資訊, 測光錶將告訴您 (顯示) 該打開水龍頭多久時間, 才能記錄到正確的曝光值, 也就是每一隻工蜂的籃子都剛剛好裝滿水！

若水 (光) 流的時間比測光錶告訴您的還要久會怎麼樣？這時裝水的籃子便會滿出來 (太亮了), 以攝影術語來說, 就是所謂的**曝光過度** (Over-exposure)；如果您曾拍過曝光過度的影像, 那麼毫無疑問地, 您一定會說這張照片整個「死白」 (Wash Out) 了！

反之, 要是水 (光) 流的時間比測光錶顯示的時間還短會如何？那麼籃子裡就會裝不到幾滴水 (沒有足夠的光), 在攝影的術語中, 我們稱為**曝光不足** (Under-exposure) —— 整張照片也就變得黑壓壓的一片了！

但現在, 即便您已學會了簡單的曝光基本概念, 是否就保證每一次都能得到完美的曝光嗎？並不見得, 但您已經比剛閱

讀這本書時進步很多了 —— 或至少可以說, 您已經明白該怎麼曝光, 也知道光圈、快門、和 ISO 之間的關係。

然而, 大部分的拍照機會多仰賴一個最佳的光圈選擇、或是一個最恰當的快門速度, 但什麼是最佳的光圈?什麼又是最恰當的快門速度?我只能這樣說:唯有在拍之前先學著去『看』, 多觀看每個人的拍攝作品, 您才能向成熟的攝影技法跨進一大步。

從高處俯瞰整個舊金山的夜景, 就宛如看到一座金銀島般地璀璨亮眼!我把相機裝在三腳架上, 將光圈縮到最小的 f/22, 好得到我所需要的深景深 —— 當然, 這代表曝光時間將被盡可能地拉長 (ISO 不變下, 光圈愈小、快門速度愈慢), 我可藉此來強調出橋上車水馬龍的『車行』軌跡。

接著, 我將相機對準大橋右邊的天色進行測光, 並撥轉快門速度轉盤到相機測光錶顯示為正確曝光的 15 秒;最後再重新構好圖, 並將相機的反光鏡升起, 用電子快門線 (參見 **11-6 頁**) 按下快門, 拍下這張清晰銳利的影像。

Nikkor 200-400mm 鏡頭, ISO 100,
光圈 f/22, 快門速度 15 秒

6 種正確曝光 vs. 有創意的正確曝光

不管您是用 P、A、S、M 等哪一種的拍攝模式, 可千萬別以為相機測光錶顯示為正確曝光, 那麼按下快門就一切 OK 了 —— 但如果您只想要得到 "正確" 的曝光結果, 那就繼續這樣做吧！雖然您或許有機會拍到一張**有創意的正確曝光**, 但那只是不小心 "矇" 到了, 而不可能一直**持續**下去。

絕大部分的拍攝現場, 都至少可搭配出 6 種不同光圈、快門速度所組合出來的正確曝光, 但通常**只會有 1 個**組合才是最有創意的正確曝光 —— 沒錯, 其實每一組正確曝光值都只是在固定的 ISO 下, 所得到的一個量化值 (光圈 & 快門速度) 而已；但是,『有創意的正確曝光』則是唯有在**選擇恰當的光圈或快門速度**, 才會得到真正具有創意的作品。

現在, 假設您正站在岸邊拍攝大浪衝擊岩石的壯麗景色, ISO 設為 100, 而得到了光圈 f/4、快門速度 1/500 秒 —— 但這只是其中一個曝光選擇, 還是有其他組合可得到正確曝光, 如:

- 光圈縮一級到 f/5.6 (f/4 → f/5.6), 則快門速度放慢一級到 1/250 秒；再縮光圈一級到 f/8, 則快門速度將再減半為 1/125 秒；
- 其他正確曝光的組合還有：光圈 f/11、快門速度 1/60 秒, 光圈 f/16、快門速度 1/30 秒, 光圈 f/22、快門速度 1/15 秒...

以上這 6 種曝光組合, 都可以得到完全相同的正確曝光, 但我得再次強調：這只是指**相同的**曝光量而已！因為, f/4 與 1/500 秒的正確曝光會拍出浪花打在礁岩上而濺起的凍結影像, 至於 f/22 與 1/15 秒的正確曝光則會讓海浪變得有如絲絹般的流動感 —— 如果您先養成『拍之前先學會看』的習慣, 然後再決定何種組合最能闡釋這些景物的姿態, 這將帶給您無限的收穫。

所以, 既然您擁有決定該如何曝光的主控權, 又何不以更富創意性地去看待每一次拍攝的機會？

移動中的主體是用來驗證 3 個相同曝光值之間，究竟有何差異的最佳範例 —— 其不同之處就在於有創意的曝光值和對動作的詮釋。一般而言，曝光時間愈長，畫面中物體移動所表現出的視覺效果就愈強烈：在這，最上面的這張曝光時間最短，而最下面那張曝光時間則是最長的。

下次，當您有機會去拍攝包含動態元素的夜間光跡時，別猶豫，就用最慢的快門速度來拍吧，因為這種影像通常都能呈現出最有趣味的效果。

上圖：光圈 f/8，快門速度 1/4 秒
中圖：光圈 f/11，快門速度 1/2 秒
下圖：光圈 f/16，快門速度 1 秒

練習 exercise

了解怎樣才是『有創意的正確曝光』

在我開過的每堂曝光課程中, 還沒有一個可比以下的方法更容易理解的了, 它也將帶領您盡早融入『有創意的正確曝光』之中。

首先, 請找一個會移動的主體 (最簡單的就是請您的朋友在你面前來回走動), 如果可以的話, 請在陰天下拍照, 同時取景時不要把灰濛濛的天空給拍了進去。接著, 把相機架上三腳架, 拍攝模式設為手動 (M), 光圈開到最大 (鏡頭上最小的數字, 如 f/2、f/2.8 或 f/4);然後調整鏡頭焦段, 盡量將拍攝主體填滿整個畫面, 再根據測光錶指示 (從觀景窗內) 調整快門速度, 直到顯示為正確曝光 —— 最後就可對好焦、按下快門鈕, 完成第 1 張照片。

好, 現在請把您的光圈值縮小一級 (如 f/4 縮到 f/5.6), 並將快門速度也放慢一級 (保持相同的曝光值), 然後再拍一張;接著再縮一級光圈 (即 f/5.6 → f/8), 並記得要同步改變快門速度, 好保持曝光值不變 —— 對於每一次的曝光, 都請用紙筆寫下當時所使用的光圈與快門速度。

原則上, 即使鏡頭不同, 您應該都可以記下 6 組 (或以上) 的光圈 / 快門速度組合;即使每一次的曝光量都完全一樣, 您也會發現整個畫面在清晰度與銳利度上的差異 —— 像較快的快門速度下, 移動的主體很容易 "凍結", 但在較慢的快門速度下, 模糊不清的輪廓看起來還真像鬼魅一樣。所以, 請再回頭看看您的筆記, 並決定哪一種組合是最符合您想表現的『有創意的正確曝光』手法。

補充 最後, 您不妨試著改拍一朵花:先對焦在花朵上, 並重複前述的練習, 您將會發現背景將逐漸清晰起來 (特別是 f/16 或 f/22 時) —— 太好了!您剛發現了光圈的另一個創意功能, 那就是對**景深** (參見 **3-2** 頁) 的影響。

我把我的相機和 Nikkor 80-400mm 鏡頭 (30mm 焦距) 架在三腳架上，拍了 3 張相同構圖的照片：

- 第 1 張是 f/16 和 1/60 秒
- 第 2 張是 f/8 和 1/250 秒
- 第 3 張則是 f/4 和 1/1000 秒

這 3 張的曝光值都完全相同，但在 "創意" 曝光的表現上卻是截然不同：請注意看光圈 f/4 所拍攝的這張，向日葵幾乎完全從背景中獨立 (或說是 "隔離") 出來；而 f/16 這張由於景深變深，它就好像多了一些同伴了。

上圖：光圈 f/16，快門速度 1/60 秒
中圖：光圈 f/8，快門速度 1/250 秒
下圖：光圈 f/4，快門速度 1/1000 秒

7 種創意曝光選擇

既然每一次拍攝時, 您都有 6 種 (或以上) 的光圈 / 快門速度組合, 那麼到底是哪一種組合才是最好的呢？我想, 首先最重要的, 是您必須得決定：究竟想要簡單、輕鬆地拍照, 還是想要一張更有創意的作品！

就如我前面所示範的, 同一個場景可以有多種不同的曝光組合, 但其中卻只有 1、2 種獨具創意。因此呢, 我們可以 "拆解" 曝光的組成要件, 分別得到以下 7 種不同類型的曝光選擇 (其中**光圈**和**快門速度**更是這 7 個選項不可或缺的曝光元素)：

1. **小光圈** (f/16、f/22、到 f/32)：這是我稱之為**敘事曝光** (Storytelling Exposures) 的類型, 這種影像擁有非常清晰的景深範圍 (景深部分請參見 **3-2** 頁)。

2. **大光圈** (f/2.8、f/4、或 f/5.6)：這是我所謂的**單一主題 / 隔離曝光** (Singular-theme or Isolation Exposures), 景深會變得非常地淺。

3. **中光圈** (f/8 和 f/11)：我自己稱它做**「誰在乎」曝光** ("Who cares?" Exposures), 也就是說, 照片中的景深根本舉無輕重 (不是關注的焦點)。

4. 最後一個與光圈息息相關的, 則是**近拍 / 微距攝影** (Close-up or Macro Photography), 這類影像會因為光圈孔徑所呈現的圓形 (或六角形) 形狀, 而在畫面中出現**反射亮點** (Specular Highlights)。

5. **高速快門** (1/250 秒、1/500 秒、和 1/1000 秒)：其創意的曝光表現, 主要為**凍結動作** (Freeze Action)。

6. **低速快門** (1/60 秒、1/30 秒、和 1/15 秒)：這類影像常以**搖拍 / 追焦** (Panning) 的手法呈現。

7. **超慢速快門** (1/4 秒、1/2 秒、1 秒或更長的秒數)：常用於詮釋 (或暗示) 動作的曝光手法表現。

在每一次按下快門之前, 您都可以套用這 7 種創意曝光手法, 而在後續的兩章中, 我將更進一步地介紹光圈與快門速度在這 7 種情況下的應用。

光圈 f/2.8, 快門速度 1/4000 秒

光圈 f/4, 快門速度 1/2000 秒

請快速瀏覽這 7 張 (本頁與後 2 頁) 扶桑花的照片, 其實每一張都有一些不一樣的地方 —— 請注意背景的差異, 一張比一張更清晰, 如果您拿第 1 張跟最後 1 張相比, 效果就非常明顯。

光圈 f/5.6, 快門速度 1/1000 秒

光圈 f/8, 快門速度 1/500 秒

光圈 f/11, 快門速度 1/250 秒

光圈 f/16, 快門速度 1/125 秒

這裡每張影像的曝光量都是一樣的，但是它們的整體景深表現卻都不同；所以，不論是清晰或者模糊的背景，您所選擇的就成為了「對您而言」最正確的曝光組合。

光圈 f/22, 快門速度 1/60 秒

光圈

光圈 (Aperture) 是鏡頭內的一個洞孔或開口, 這個 "洞" 是由一組 6 ~ 8 片相互交疊的金屬葉片所組成。依照相機機型的差異, 有些是從鏡頭上的刻環來調整光圈孔徑, 但現在大部分都是從機身上的撥盤或按鈕來設定 —— 當您改變了光圈上的數字, 鏡頭的開口就會變大或變小, 也就決定了要讓更多、或更少的光線通過鏡頭, 並抵達感光元件 (或底片) 上。

在這一章當中, 您將會了解到:光圈大小的抉擇對影像的整體結果將產生巨大的影響。

光圈與景深

那麼，究竟鏡頭上的光圈 (開口) 是如何定義的呢？對所有的鏡頭而言，最小的光圈數字 (不論是 1.4、2、2.8、或 4) 代表著該鏡頭的最大開口，這時將獲得最大的進光量 —— 換言之，當鏡頭設定在最小的光圈值 (F 制光圈) 時，表示您正以『光圈全開』(Wide Open，或稱 "開放光圈") 拍攝。

反之，當您將光圈值從小數字調成較大的數字時，代表您正在縮小鏡頭的開口 (或稱之為 "縮光圈")，一顆鏡頭最大的光圈數字通常是 16、22、或 32 —— 小 DC 的話就只會到 8 或 11。

為什麼您需要去改變鏡頭的開口大小呢？是的，多年來我最常聽到的說法，是因為光的強度從最亮到最暗，而我們必須控制抵達感光元件的光量 —— 換言之，只要光圈 (開口) 調大或調小一些，就能輕易做到這一點。

以這樣的邏輯來推導，當您在烈日下的一處白色沙灘上拍照時，就應該盡可能地縮光圈，好讓鏡頭的開口縮到最小，免得感光元件被亮到刺眼的白沙給燒出 "洞" 來 (即影像過曝、死白)。同樣的道理，當您身在一幢燈光昏晦的大教堂裡，就必須開大光圈，好盡可能地 "吸附" 場景中可能的光線。

上述的論點雖然言之成理，但我卻不能完全同意！因為這樣的原則，會讓初學攝影者拍出與預期不符的照片，因為他們沒考慮到光圈另一個更為重要的功能：**決定景深**的範圍 —— **景深** (Depth of Field) 是影像中從前至後 (從近到遠) 銳利的區域，正如您在拍照時，一定可從觀景窗中注意到：對焦的部分是清楚的，而其他部分則是有些模糊的。

這 2 張照片的曝光值都相同，但由於光圈的不同，它們所傳達的意念也不同 —— 換言之，這裡**只有**光圈控制了整個畫面的『視覺重量』。然而，請務必了解：並沒有哪一個版本才是真正 "正確" 的！重要的是，哪一張最能呈現出您最想傳達的訊息。

例如，雖說左圖用大光圈和淺景深把整個背景都模糊掉，好讓主體成為視線焦點；但如果縮一點光圈 (上圖)，稍微帶入一些關於場景的資訊，就能讓主 (花)、賓 (背景) 之間產生連結，提供更多的訊息傳達給觀看者。

兩張照片：17-55mm 鏡頭 (40mm 端)

左圖：光圈 f/4，快門速度 1/640 秒

上圖：光圈 f/11，快門速度 1/80 秒

3-4 光圈

又或者, 您也許想知道該如何拍出整個畫面 (如從前景的花, 到背景的山) 都是清楚的的照片 —— 因為您會發現, 一旦您對焦在前景的花朵, 背景的山就模糊了；要是改對焦在背景的山林, 這朵花就失焦了！

其實, 您只需善用景深的特點即可 —— 同樣的, 讓前景的花朵突顯出來, 並將背景模糊成失焦的顏色和形狀, 也是靈活運用景深的結果。那麼, 哪些因素會影響景深？主要有這幾個：**鏡頭焦距、您與對焦主體之間的距離、光圈大小**, 而這 3 者當中, 光圈是最重要的。

理論上, 鏡頭一次只能夠對焦在一個主體上, 而構圖中的其他景物 (不論是位在主體之前或之後), 其模糊的程度都會與主體的遠近成正比 —— 此乃鏡頭光圈在全開狀態下的特性表現, 所以, 懂得如何控制光圈大小, 是非常重要的一件事。

當然了, 只要有光落在感光元件 (底片) 上便足以成像, 然而選擇不同大小的光圈值, 卻能決定影像 "形成" 的精細程度。從光學上來說, 光圈值愈小 (即愈大的光圈數字, 如 16、22 或 32) 則影像整體的清晰度以及細節表現愈好；而光圈接近全開 (光圈數字愈小, 如 2.8、4 或 5.6) 時, 只有由焦點內主體所反射的光線會在底片上形成 "清晰的" 影像, 而其他不在焦點內的光線則會在感光元件上 "暈開" (Splatter), 以失焦或模糊的光點呈現。

讓我用個例子來說明：請想像將 1 公升的油彩, 經由一個開口非常小的漏斗倒進一個空杯子, 並且比較一下如果沒有漏斗, 直接將這一桶油彩倒進杯子裡的狀況。您會發現：若不使用漏斗, 雖然可以花比較短的時間把油彩倒進杯子裡, 但會濺得四處都是；然而若使用漏斗, 油彩便受到控制因此也較為乾淨。

請謹記在心, 只要光線透過愈小的開口, 影像清晰範圍就會加大, 不過這絕不代表您就應該永遠努力拍出一整個 "清晰" (Neat) 的照片, 而排斥 "暈開模糊" 的影像 —— 您所想要的影像景深範圍由您的光圈選擇來決定, 這使得每一張照片都顯得不同。

如果您懂得如何控制畫面中清晰的範圍, 就可恣意地選擇您想要的背景, 特別是在用望遠鏡頭時更是如此！

本例中, 由於光圈 f/32 (左頁上圖) 的景深比 f/5.6 (左頁下圖) 的景深來得更深, 所以不僅前景的主體清楚, 連背景的細節也依稀可辨 —— 但在這裡, 我比較喜歡背景失焦 (f/5.6) 的這張。

兩張照片：80-400mm 鏡頭 (400mm 焦距)

上圖：光圈 f/32, 快門速度 1/30 秒

下圖：光圈 f/5.6, 快門速度 1/1000 秒

敍事光圈

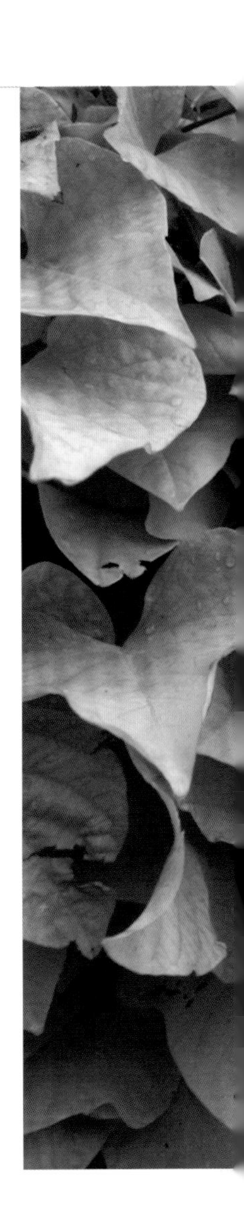

有 3 種情況下, 光圈的選擇是至關重要的！第 1 個就是我所謂的**敍事** (Storytelling) 手法 —— 顧名思義, 這種拍攝手法就像是在述說一個故事, 而且就像任何一個好的故事一樣, 都會有個開頭 (前景主體)、中段 (中間主題) 以及結尾 (遠處背景)。

例如, 有個畫面中的前面有小麥秸稈 (前景/開頭), 藉以帶入 15 ~ 30 公尺遠的農舍 (主要主體/中段), 而它的背景則是一朵朵在藍天中的白雲 (背景/結尾)..., 而這樣的構圖手法 通常都是以廣角變焦鏡頭最為常見。

假設您想要整個畫面從前面到後面都清清楚楚的, 那麼根據景深的特性, 您必須使用如 f/16 或 f/22 等這些**最小**的光圈值 —— 這就像如果您曾瞇起眼睛、想試圖讓某個東西看得更清楚, 就會了解為什麼需要更小的光圈來得到更大的景深。

所以, 哪一種拍攝主題會需要每一樣東西都是清楚的？最常見的就是風景攝影, 像我們都曾被那層疊綿延、卻又十足清晰的山巒景色所驚嘆著, 所以對於這類型的主題, 完全銳利才是王道, 而 f/22 就是它的答案！

此外, 為了盡可能得到較多的視覺細節, 您需要一顆能捕捉到最廣視野的鏡頭, 這也就是為什麼我一開頭會提到**廣角變焦鏡頭**的原因：如果您手上有顆漸受歡迎的 12-24mm 鏡頭, 還有像 "標準" 的 18-55mm 或 18-70mm 等鏡頭, 您就已經擁有了合適的鏡頭。

使用 f/22 的光圈值，讓這張照片從前至後都具有『敘事光圈』般的清晰度；此外，請注意到前景的主體並非都只能在畫面的下方 (或底部)，在這裡，它是位於畫面的左側。

12-24mm 鏡頭，光圈 f/22，快門速度 1/15 秒

當然，雖說這些廣角焦段的鏡頭既受歡迎、又能提供最大的視角，但事實上，關鍵還是在於您得選擇一個**正確的光圈值**，才能相得益彰。如果您可以做得到，那麼您就可拍出之前總認為需要很昂貴的相機、或需要多 "高竿" 的攝影技巧，才能拍出來的照片了 —— 而這個祕訣就是 f/22！

前景：故事的起頭

如果您運氣好，買了一本前 9 頁是空白的書，您應該會覺得被騙了吧？不過很多攝影者所 "寫出來" 的影像同樣有許多空白 —— 那就是**缺乏前景**！而且，顯而易見地，這些影像很少引人注意。為了避免拍出空白的前景，您**必需**向那個前景靠近。

大多數攝影者通常不會把廣角鏡頭當作近拍鏡頭，但如果他們這麼做了，他們的攝影功力將提高 10 倍。拍攝廣大的場景時，一般人傾向後退幾步，好在構圖中納入更多的東西，但這樣做是大錯特錯的！

從現在開始，試著養成站得更靠近的習慣，更貼近前景的花、更貼近前景的樹、更貼近前景的岩石 —— 擁抱這『30 公分』的原則！如果您能距離花、樹幹、沙岸、或岩石露頭 30 公分，您就一定可用 "文字" 填滿故事的前 9 頁。

這張照片的景深相當深，當時我的光圈設在 f/16 (非 f/22)，但仍能夠讓畫面從近到遠都獲得足夠清晰的銳利度 —— 這樣的光圈選擇可讓您了解到：規則不是死的！

雖說在敘事手法的前景中出現人物似乎是不太合理的，然而當我的女兒蘇菲在我按下快門前跑了過來時，就知道這絕對是不可錯失的快門機會；於是，我用光圈先決 (A) 模式，並在早設好的光圈值下預對焦在最大景深處，接著等蘇菲出現在畫面裡，我只需連拍個幾張就可以了。

35-70mm 鏡頭 (35mm 焦距)，
光圈 f/16，快門速度 1/60 秒

這張托斯卡納 (Toscana，亦稱托斯卡尼) 的照片是利用廣角鏡頭的特性和 f/22 敘事光圈所拍攝的。在畫面中，前景的花朵和田埂引導視線走向中間的麥田，最後的焦點則落在遠景的一排樹林與藍天白雲上。

Nikkor 17-35mm 鏡頭 (28mm 焦距)，
ISO 100，光圈 f/22

萬無一失的對焦公式

我上課的學生們常常不知道在用敘事光圈來構圖時, 究竟該對焦在哪裡才對, 為此, 請試試以下這個萬無一失的 "公式", 我保證它每次都能派上用場!

首先, 請關閉相機的自動對焦 (AF) 功能, 裝上一顆至少有 75 度視角的鏡頭 (全片幅機種為 28mm 焦距, 其餘為 17mm 或 18mm 焦距), 把光圈設在 f/22, 並手動對焦在約 1.5 公尺遠的某個主體上。

接下來, 如果您是用手動 (M) 模式, 那麼請調整快門速度, 直到相機測光錶顯示為正確曝光再拍攝;若是用光圈先決 (A) 模式, 那就直接按下快門即可, 相機會自動設定好快門速度。

如果您用的是 12-24mm 的數位廣角變焦鏡頭 (即非全片幅, 且焦距在 12mm ~ 16mm 之間), 那就以光圈 f/22 對焦在約 1 公尺遠的主體上, 並重複上述的拍攝步驟;如果您只有台傻瓜相機, 那就用 f/8 或 f/5.6 的光圈來拍;而如果無法關閉自動對焦功能, 那就請先自動對焦在約 1.5 公尺遠的的主體, 並半按住快門鈕 (或使用自動對焦鎖定鈕), 然後重新構圖拍攝。

當您第一次使用這樣的技巧時有可能會懷疑, 因為您一定會注意到:從觀景窗中所看出去的景象並不全都是清晰的!但請相信我, 在您按下快門後, 整張照片由近而遠都會是清楚的 —— 尤其現在數位相機都有液晶螢幕, 您可立即檢視放大後的影像, 我想像這樣的疑問自然就不復存在了。

補充 之所以從觀景窗看出去會覺得並不是那麼清晰, 我想唯一的理由大概是因為您習慣以開放光圈 (如 f/2.8、f/3.5 或 f/4, 視鏡頭而定) 來取景, 不是用更小的敘事光圈 (f/22) 來拍照。

短篇的故事

是不是只有廣角鏡頭才能 "講故事" 呢?當然不是!許多時候用長焦段的望遠鏡頭也能拍出敘事構圖, 即便視角更窄, 深度和距離也有侷限, 但 "講故事" 的效果還是有的 —— 如果廣角鏡頭的故事是長篇小說, 那麼望遠鏡頭講述的就是一則短篇散文!

然而, 望遠鏡頭不像廣角鏡頭擁有『萬無一失』的對焦公式, 它必須用另一種方法來得到最大的景深與清晰度:如果您想用長焦段的望遠鏡頭來寫一則 "短篇散文", 請將光圈縮到 f/22 (或更小, 如 f/32), 接著只需對焦在整個畫面的前 1/3 處, 並按下快門拍攝即可。

這一張來自法國如田園詩般的場景, 我用了望遠鏡頭和 f/32 的光圈, 拍出由近而遠都清晰的 "短篇散文"。

拍攝時, 我把相機和三腳架立在我的麵包車車頂上, 設好光圈, 對焦在現場的前 1/3 處 (向日葵), 然後我調整相機的快門速度, 直到測光錶顯示為正確曝光、並按下快門。

70-200mm 鏡頭 (200mm 焦距), 光圈 f/32, 快門速度 1/60 秒

隔離光圈

第 2 種以光圈為決定因素的拍攝手法, 我稱之為**隔離光圈**或**單一主題**構圖。在這裡, 清晰度被限制在某個單一範圍內, 而其他次要的 (不論是前景或背景) 主題, 都會模糊成一片色塊或形狀 —— 這種效果正是選擇光圈所得到的直接結果。

由於望遠鏡頭具有狹窄的視角和極淺的景深, 所以它通常是拍攝此類場景的首選鏡頭, 特別是當使用開放光圈 (如 f/2.8、f/4 或 f/5.6) 時, 就能得到極淺的景深效果。

就如人像, 不論是抓拍還是擺姿, 望遠鏡頭絕對是最佳選擇;又像您想把拍攝主體 (如一朵花) 從一堆紛亂的場景中突顯出來, 就只需對焦在主體上, 就能讓前景或背景失焦, 進而使觀賞者的注意力集中在關注的主體上。

這種 "視覺法則" (Visual Law) 通常又稱作**視覺重心** (Visual Weight), 也就是不論從眼睛所看到的、或從大腦所認知的, 該主體都會是畫面中最重要的部份。

由於計程車的數量很多，紐約時代廣場附近看起來就像是 1 個計程車的集會！而我被其中 1 台特定的計程車所吸引，只因為它上頭點亮了 "下班" (Off Duty) 的號誌 —— 1 個任何叫車的人討厭看到的號誌。

我把相機安裝在三腳架上，因為使用了 350mm 的焦距，所以我能夠只瞄準車頂的 Off Duty 燈，但藉由背景中 Roxy 熟食店的招牌，我仍然可以傳達它所在的地方感。然而，由於我用的是 1 個大的鏡頭光圈 (f/5.6)，所以我能夠限制 Roxy 這個招牌的視覺重量，確保它是畫面中的第 2 元素 —— 這是 1 個讓細節不被過度描繪的完美範例 (如上圖)。

如果我用的是 f/22 的光圈，那 Off Duty 和 Roxy 的字樣都會變得很清楚，而互相爭奪觀眾的注意 (如左頁圖)。所以，您應該要把構圖中選定為主要趣味點的東西，利用望遠鏡頭去作特別的強調。

上圖：80-400mm 鏡頭 (350mm 焦距)，光圈 f/5.6

拍攝人像時，大概沒有比用望遠鏡頭和大光圈來得更好的組合了！特別是當我們體認到光圈的重要性，可使對焦的部分清晰成像，並讓落於焦點外的部分變得模糊 —— 換言之，每一次設定光圈的正確與否，終將決定影像的成敗。

此外，當大光圈搭上一顆中望遠焦段的鏡頭，如 100mm ~ 200mm 時，所拍出來的人像景深就會變得非常淺；像在這，我就讓這個男孩背後的哈瓦那建築物牆壁，變成了一碧如洗的藍色調。這張的背景之所以成功，是因為它成功地烘托出主體，讓這男孩與他的棒棒糖成為照片的主焦點。

105mm 鏡頭，光圈 f/5.6，快門速度 1/500 秒

提醒 拍攝時，我先對著藍色的牆面測出正確曝光值，然後再重新構圖拍下這張畫面。

人物與背景

單純用望遠鏡頭和大光圈通常是可以成功地突顯出拍攝主體，但如果您能如實地找出『適當的背景』，並在『正確的距離』下拍攝，就能創造出更令人驚豔的淺景深構圖 —— 換言之，如果用了隔離光圈手法卻還是沒拍好，那要不是攝影者距離拍攝主體不夠近，或是主體和背景之間的距離沒抓好，不然就是沒有 "選對" 正確的背景。

這在拍攝戶外人像時更是如此！當背景愈靠近您所拍攝的主體，就愈容易拍出背景中的一切細節；這如果是用在敘事手法上自然沒啥問題，但在這您卻要極力避免紛亂的背景搶走觀賞者的注意力。那麼，該怎麼做到呢？答案就是**距離！**

比方說，您讓某個人先站在一個彩繪牆前約 1 ~ 1.2 公尺遠的地方，然後以 70-200mm 鏡頭、焦段拉到 200mm 端、光圈設為 f/5 來拍攝，其結果將是：照片中將會拍到主體和彩繪的局部細節 —— 因為兩者可說都是位於合焦的範圍內。

但如果您讓這個人往前走，最後離牆約 4 ~ 5 公尺遠，那麼主體仍在對焦距離內，而背景的牆面則會模糊成一片色塊。究其原因，主要就是拍攝主體和背景之間的距離：當您拉遠了這兩者間的距離，背景和主體就不會落在同一合焦範圍內了。

同理，當您愈靠近拍攝主體，景深也會變得愈淺。所以說有經驗的攝影者多半會立刻換上望遠鏡頭、用最望遠端的焦段、並架上三腳架，甚至將鏡頭切換到近拍模式、或加裝一個接寫環 —— 這樣不僅讓拍攝距離變得更短，也會讓景深變得極淺。

焦距 vs. 視角

在這 3 張影像當中, 什麼是最明顯的不同?整體的視角不同肯定是其一, 還有就是他們後面的景深!3 張影像都用相同的光圈和快門速度:f/8 及 1/350 秒, 而且這 3 張都有著類似的構圖, 您可以看到嬰兒填滿的空間大致相同 —— 但請注意到他們在視角上的明顯差異。

第 1 張影像是用 12-24mm 鏡頭的 15mm 端拍的, 結果有近似 90 度的視角, 所顯示的不只是嬰兒, 在背景中也隱約看到 1 座大教堂;第 2 張影像是用 18-70mm 鏡頭的 45mm 端拍的, 產生大約 52 度的視角, 並相當程度地削減了背景的教堂;第 3 張則是用 70-300mm 鏡頭的 135mm 端拍的, 產生大約 16 度的視角, 此時背景只剩下模糊的色調與形狀了。

顯然地, 用廣角 (敘事) 鏡頭時, 您可以得到更多的故事, 而當您想從環境中隔離某個單一主體時, 您要用的就是望遠鏡頭了。

12-24mm 鏡頭 (15mm 焦距)

18-70mm 鏡頭 (45mm 焦距)

70-300mm 鏡頭 (135mm 焦距)

隔離手法 vs. 廣角鏡頭

廣角鏡頭很少被認為可使用隔離手法拍攝，或是讓主體從背景中 "跳脫" 出來 —— 這是因為它與生俱來就擁有超大角度的視野，可在一幅畫面中 "塞" 進許多景物，所以廣角鏡頭很難做到隔離技巧 (至少許多攝影者都這麼認為)。

然而，由於廣角鏡頭擁有對焦距離極短的不尋常能力，所以只要以近拍方式，搭配上開大光圈的 "淺景深" 效果，就能得到一張令人驚奇、又富有內涵的攝影構圖了。

我在杜拜 (Dubai) 當地的魚市場上遇見了這位店家，他是個很樂於配合的被攝者，不僅願意在鏡頭前擺起各種姿勢，甚至還在店門口掛上 "休息中" 的牌子，直到他覺得我已經拍到想要的畫面為止。過程中，我發現到最吸引人的，就是他身後放在店裡貨架上、各種五顏六色的食品罐頭，這樣多彩的背景恰好與他這略為單一色調的臉孔，形成了一種奇妙的對比。

17-35mm 鏡頭 (28mm 焦距)，光圈 f/3.5，快門速度 1/30 秒

廣角鏡頭雖然不常用在拍攝單一主題的影像, 但如果能善用短焦段的近拍能力, 加上『隔離光圈』 —— 也就是像 f/2.8、f/4 等較大的光圈開口, 廣角鏡頭也可拍出不錯的效果。

在上面這張照片中, 由於使用了鏡頭的最大光圈, 所以景深變得非常淺, 這也讓整幅畫面的視覺重點, 得以停留在那些剛摘採下來的花束上。

35-70mm 鏡頭 (35mm 焦距), 光圈 f/2.8, 快門速度 1/1000 秒

變形失真是超廣角鏡頭 (對應全片幅的 20-28mm, 或非全片幅的 12-16mm) 的特性之一, 但如果能善加利用, 您還是可 "隔離" 出特定主體, 並仍保有一個故事性的畫面。

像在這裡, 這位賣蔬果的老闆滿懷自信地拿起梨子要給我看, 而我也就盡可能地把相機 "貼近" 梨子。由於超廣角的寬廣視角, 我還是可以將他和店面的影像都納入畫面中 —— 至於用 f/4 的光圈值, 則是為了讓清晰的範圍 (景深) 侷限在他的手和梨子上。

Nikon D2X, 12-24mm 鏡頭 (12mm 焦距), 光圈 f/4, 快門速度 1/125 秒

景深預覽按鈕

景深預覽 (DOF) 按鈕是 DSLR 和 SLR 相機上最有用的工具之一，但您可能不知道這顆按鈕曾讓許多攝影人困惑不已。

多年來，我已聽聞過關於它有多重要 (或不重要) 的解釋，以及它是如何 "運作" 的，但總結來說，多數人普遍的共識似乎仍是：它是 "沒啥用處" 的工具 —— 當然，我是絕對不會同意這種說法的。

如果您的相機有景深預覽按鈕，而您也懂得如何用、何處用、何時用，您很快就會發現自己無時無刻都離不開它 —— 無論您是想用微距鏡頭、望遠鏡頭或廣角鏡頭來突顯出 (隔離) 被攝主體，這顆 DOF 鈕絕對值得您一試！

補充 萬一相機沒有這功能也別緊張，我會在稍後告訴您另一個可達到相同效果的方法。

『景深預覽』按鈕的名字是來自於它的功能：當您按住 DOF 鈕時，您可從觀景窗中 "預覽" 到影像的景深，如此便可了解自己有沒有選對光圈值。正因如此，我習慣把這個按鈕稱作『DIM-TRAC』鈕 —— 也就是 "我選對了光圈嗎？" (Did I Make The Right Aperture Choice?)

此外，我之所以喜歡這樣一個綽號，是因為當您按下『DIM-TRAC』鈕後，觀景窗內的畫面會變得比較**暗淡** (Dim)，藉此您便可**追查** (Track) 出目前所擁有的景深是有多深、或有多淺了。

左圖照片的光圈為 f/22，請注意這張照片的背景有多雜亂，花朵無法從背景中跳出來 —— 幸運的是，當我按下景深預視鈕時便可以「看見」這個結果。所以，我持續按住景深預視鈕，並將光圈值逐漸變小 (即改用較大的光圈)，慢慢地，背景從雜亂不堪慢慢轉變為模糊而能將花朵襯托出來。

最後這幅作品 (如上圖) 的光圈是 f/5.6，很明顯地，我就是要這朵花吸引所有觀者的注意，而最有效的方式就使用大光圈 —— 若再搭配望遠鏡頭，就可以帶出非常淺的景深。

兩張照片：75-300mm 鏡頭 (280mm 焦距)

左圖：光圈 f/22，快門速度 1/30 秒

上圖：光圈 f/5.6，快門速度 1/500 秒

窮人景深預覽法

如果您覺得少了景深預覽按鈕非常可惜, 那麼倒是有 2 種方法可以解決:

(1) 如果您一定要有 DOF 鈕, 那買台新相機吧! (只不過, 希望不會讓您還得再多花一筆買新鏡頭的錢, Orz~)

(2) 或更簡單的做法, 就是一邊在看著觀景窗取景時, 一邊將鏡頭旋鬆約 1/4 轉 (但非真的把鏡頭從相機上取下); 此時, 您會看到鏡頭的光圈開口縮至實際的光圈值, 而觀景窗內的景象也會如同按下 DOF 鈕般變暗, 並呈現出實際拍攝的景深範圍。

以上就是我所謂的**窮人景深預覽法**, 運用上, 請留意主體前後景物的模糊程度。如果您覺得恰好好處, 那就可將鏡頭旋緊後按下快門; 萬一不是, 或您想讓背景更模糊些, 那就把光圈再放大一級 (如 f/5.6 → f/4), 並重新執行上述的方法 (2), 再試一次。

譯註 上述作者的示範僅供作參考, 由於目前多數鏡頭皆非手動鏡頭, 而是透過相機的電子訊號來控制, 因此並不適用此法。

在此，我用一個粗糙紋理的槐樹樹幹與其倒映的樹影當成前景，藉以襯托出遠方的農莊，然而，我該對焦在哪裡呢？我把相機裝上 24mm 鏡頭、架上腳架，光圈設為 f/22，然後手動對焦在離相機約 1 公尺遠的地方，確保從 60 公分遠的前景到無窮遠處都是清晰的 —— 但如果您從觀景窗來看，您可能會看到如左頁上圖般的結果，還以為是哪裡做錯了呢 (因為遠景都是失焦的)！

但，請先別急著做任何事情，而是直接就按下快門鈕拍攝。您瞧！液晶螢幕上所出現的影像 (如上圖)，是不是一整個銳利呢？而這又是怎麼回事呢？

因為在按下快門鈕之前，鏡頭的光圈是『全開』的 (以本例而言，就是該鏡頭的最大光圈 f/2.8)，只有到您按下快門的那一瞬間，光圈才會縮到實際設定的光圈值 (也就是這裡所設定的 f/22)，也就能拍出從 60 公分遠到無窮遠處都是清晰的照片了。

24mm 鏡頭，光圈 f/22，快門速度 1/60 秒

不需要景深預覽的情況

更明確地說，一個成功的攝影並不需要倚靠相機上非得有個 DOF 按鈕，有許多的拍攝機會也不見得一定要用 DOF 鈕來預覽結果。以下我將提出至少 3 種情況來證明：使用景深預覽功能，不但無益、甚至是徒勞無功的！

- **情況 1**：拍攝的主體與相機平行，並填滿整個畫面。在這種情況下，景深**根本**無關緊要，隨您用鏡頭上的任何一個光圈值都可以。

- **情況 2**：您正以開放光圈在拍攝。請記住一點：此時您在觀景窗中看到的影像是如何，拍出來的結果就是如何 —— 當您對焦在某一主體上，並覺得這樣的畫面看起來相當不錯，那就是了 (即光圈全開)。

如果真是這種情況的話，就只需簡單地把光圈開到最大，調整快門速度直到相機測光錶顯示為正確曝光，然後按下快門拍攝即可 —— 由於是開放光圈，這時 DOF 鈕有按等於沒按，因為鏡頭並不會因此而『縮光圈』的！

照片中高聳的棕櫚樹和一個小孩子形成了鮮明的對比, 但即使有如此氣勢般的構圖, 景深在這裡還真的一點 "用處" 都沒有！因為樹木和孩子都在同一個 "平面" 上, 也和相機的焦平面平行 —— 此外, 背景也不是考慮的因素之一, 換言之, 這裡沒有任何一個需要 DOF 鈕來做檢查的東西。

17-55mm 鏡頭 (17mm 焦距), 光圈 f/9, 快門速度 1/320 秒

這張照片雖然和前一張是完全不同的感覺, 但觀念都相同：景深在這裡也不是一個問題！因為所有的鞋子都在同一平面上, 並與相機平行, 這裡也沒有任何的前景或背景 —— 這還真的是張 "誰在乎" 的情況呢！

17-55mm 鏡頭 (35mm 焦距), ISO 100, 光圈 f/11, 快門速度 1/125 秒

- **情況 3**：您使用的是我稱之為『誰在乎』(Who cares?) 的光圈值, 例如 f/8 和 f/11 等。由於此時的光圈並不是關鍵重點, 因而得名, 這我將在下一節中再做討論。

「誰在乎」光圈

好，夠簡單吧！您可以用小光圈來拍攝敘事照片，或是用大光圈拍攝單一 / 隔離主體的影像，然而，有沒有哪一次是可以不必擔心光圈該設多少的時候呢？有的！事實上，有許多精彩的畫面根本沒在考慮光圈的選擇，而我總喜歡將這類拍攝機會稱之為『**誰在乎**』(Who cares?) 的光圈選擇。

像是當您在拍攝石牆上的主體時，由於主體與牆面在相同的對焦平面上，**誰在乎**您用的是什麼光圈？當您垂直往下拍攝飄落於地面的楓葉時，由於葉子與地面在同一平面上，**誰在乎**您用的是什麼光圈？當您對著遠方在晴空中升起的熱氣球拍攝時，由於熱氣球和天空是位在同一平面上，有**誰會在乎**您用的是什麼光圈？

雖然您可以很容易地在任何光圈下做出這樣的曝光或構圖，儘管我愛稱它們為『誰在乎』的影像，我還是建議您用 f/8 或 f/11 的光圈 (如果傻瓜相機，就用 f/4 或 f/5.6 的光圈)。

為什麼呢？因為這些光圈值可以讓您獲得最佳的影像品質、銳利度、與對比度，所以我常暱稱這樣的光圈為**甜蜜點** (Sweet Spot)。雖說這些 "甜蜜點" 很少提供足夠的景深，來創造夠張力的敘事構圖，但對於單一 / 隔離主體的拍攝手法來說，又往往產生了過多的景深 —— 可就像我之前所說的，這世界上並不全然只有這 2 種類型，還是有很多 "誰在乎" 的情況在那等著我；所以，只要一有這樣的機會，我絕對是毫不考慮地使用 f/8 或 f/11 來拍攝！

雖然交通號誌燈是為了要管制交通流量，但它也可以是鴿子的庇護所。我把相機裝上三腳架，並利用鏡頭焦段成功地從繁忙雜亂的街景中，把號誌燈與鴿子 "隔離" 出來 —— 另一個好處是，交通號誌燈剛好落在戶外陰影處，而背景則是一片蔚藍又明亮的天空。

接著，我將光圈設定在 f/11 (『誰在乎』的光圈值)，並以背景的藍天進行測光、調整快門速度到顯示為正確曝光的 1/200 秒，這樣的曝光值讓號誌燈和鴿子都變成了輪廓鮮明的剪影形狀，但從紅色燈號的曝光結果，卻也可以證明這是張正確的曝光組合。

80-400mm 鏡頭，光圈 f/11，快門速度 1/200 秒

補充 看到沒？在這裡，我用了一個『誰在乎』光圈，拍出單一主體的影像！

如果您想要 "簡單的" 曝光，那麼抓起相機和變焦鏡頭出門去吧 (當然，記得要帶上您的三腳架)，然後注意有什麼東西會出現在街道上。您可能會在腳邊發現某樣東西，能善加利用光圈 f/8 或光圈 f/11 來拍，而且誰知道呢？或許您會和我過去幾年一樣，總有某些意料之外的發現 —— 那些令人驚奇的東西，多半都是在人們的腳邊而從未被留意到的！

舉例來說，沒人知道這個被壓扁的舒味思 (Schweppes) 罐子躺在地上多久了，但這個畫面絕對可以用『誰在乎』光圈來拍攝！既然我已經知道要將光圈設在 f/11，於是我就用光圈先決 (A) 模式，簡單地完成構圖、對焦，然後就拍了下來。

35-70mm 鏡頭，光圈 f/11，快門速度 1/30 秒

『有誰在乎』您在一面牆前拍人像時，用的是多大的光圈？

有次我到烏克蘭的鋼鐵工廠進行採訪任務，會見了其中一位在員工餐廳的維修人員。當我們從一個機房要走到另一個機房時，來到了如上圖的這個入口處，而我馬上就發現這樣的顏色和紋理，將是一個簡單卻又生動的好背景。

由於景深不是考量的重點 (牆壁就是畫面中的背景)，所以我將光圈設為 f/11，然後調整快門速度、直到相機測光錶在螢光燈的照明環境下，顯示為正確曝光。

ISO 100，光圈 f/11，快門速度 1/60 秒

快門速度與 ISO

就如我在第 2 章的時候所提起過的, 每一次的拍攝機會都至少會有 6 種以上的曝光組合, 那麼, 您覺得該怎麼"配" 才是最好的呢？

這時請思考您想要 "做" 到什麼吧！是想要凍結主體的動作？那就需要高速的快門速度, 如 1/250 秒、1/500 秒、或 1/1000 秒；還是想藉由搖拍 (追焦) 的拍攝技巧來暗示畫面中的動作？那不妨試試 1/60 秒、1/30 秒、或 1/15 秒；至於 1/4 秒 ~ 30 秒之間的超慢速快門, 則可用來展現如白緞般的瀑布、如跳曼波舞的麥田、或夜晚高速公路上的車流燈跡等。

請記住一點, 當您在拍攝動態 (移動、運動中) 題材時, 首先要想到的就是該用怎樣的快門速度, 才能如實傳達出您所想要的那個畫面；完了之後, 才會再去考慮 ISO 感光度和該如何測光 —— 不過值得高興的是, ISO 感光度已不像您所想的那麼侷限, 而如今數位相機內建的測光錶也都相當精準, 要做到正確曝光已不再是難事了。

快門速度的重要性

快門組構的功能是用以控制光進入感光元件 (或底片) 的時間長短, 所以稱為**快門速度**。

所有相機 (不論數位或傳統, 單眼或 DC) 都能夠調整快門速度, 而不管是故意晃動相機、或被攝主體的移動, 快門速度都將影響您照片中動作被呈現出來的狀態 —— 高速快門能夠凍結動作, 而慢速快門則會造成動作模糊。

特別一點：當您在光線不足的低光 (Low-light) 條件下拍照, 卻又沒帶著腳架的時候, 快門速度將成為曝光中的重要角色。

極快 (或極慢) 的快門速度

我們的身邊到處充滿了動作, 故拍攝時, 您會發現自己所使用的快門速度最終都將趨於兩極化：一是以高速快門來凍結動作, 拍出銳利無比的影像, 再不就是用慢速快門拍出模糊形體來暗示主體的動作, 很少有機會用到介於中間的快門速度。也就是說, 大多數動態 (低光照明條件也算在內) 攝影的快門速度常落在 1/500 秒到 1/1000 秒之間, 或是 1/4 秒到 8 秒之間。

在將相機置於三腳架之後, 我拍了以下這 2 張照片：第 1 張 (上圖) 是用 f/4、1/500 秒所拍攝的, 而第 2 張 (右頁圖) 則是用 f/22、1/15 秒所拍攝的。

這說明了一件事：不管是如何決定曝光, 還是該用多快 (慢) 的快門速度, 最終都是取決於您自己。所以, 何不嘗試看看最具有視覺震撼力的創意曝光方式呢？

兩張照片：Nikkor 80-400mm 變焦鏡頭 (300mm 焦距)

上圖：光圈 f/4, 快門速度 1/500 秒

右圖：光圈 f/22, 快門速度 1/15 秒

快門速度 vs. 光圈的關係

當選擇兩極化的快門速度時，請注意以下 2 點，這可是我多年經驗所累積的結論：

(1) 用最大的光圈值可獲得最快的快門速度 (不論 ISO 值)

(2) 用最小的光圈值可獲得最慢的快門速度 (不論 ISO 值)

要驗證這樣的觀念，您可找一個動態主題，如瀑布或正在盪鞦韆的小孩；接著，將相機設定在光圈先決 (A) 模式，ISO 值設為 100 或 200 (相機可設定的最小值)；然後把光圈開到最大 (如 f/2.8、f/3.5、f/4)，並拍下眼前的畫面 —— 這是在既定的 ISO 和光照條件下，您所能設定的最快的快門速度，當然，還有最大的光圈值。

現在，把光圈縮小 1 級：如果一開始用的是 f/2.8，那就縮到 f/4，如果一開始是用 f/4，就縮到 f/5.6，然後再拍一張；接下來，請重複相同的動作，從 f/8、f/11、f/16、f/22 等依序調整並拍攝。

看出什麼了嗎？每縮一級光圈，相機就會重新計算 "新" 的快門速度，好得到正確的曝光量。由於每縮小 1 個整級數，光圈開口的大小就小一半，故快門速度就得用 2 倍的時間來彌補 —— 換句話說，您的快門速度將變得愈來愈慢，而快門速度愈慢，拍出來的影像就愈容易 "模糊"，因為快門速度已經慢到無法凍結動作了。

所以，如果是拍瀑布，通常是要拍出如絲 (絹) 帶般的效果，這種光圈沒縮到 f/16 或 f/22 是根本做不到的；但若是拍鞦韆上的孩子，就得注意要用更快的快門速度，才有辦法凍結盪在半空中的小孩 —— 稍慢一些的快門速度很可能就會讓孩童變成了鬼影。

做這樣的曝光練習，可讓您更清楚地知道光圈和快門速度之間的組合關係，並拍出最有創造性的正確曝光。

在這張照片中，由於我想表現瀑布的流動感 (較慢的快門速度) 和清晰的景深，故得將光圈盡可能地縮到最小，好得到最慢的快門速度，加上利用最低的 ISO 值 (100 或 200)，就能拍出您眼前所看到的結果。

ISO 的迷思

您所選擇的 ISO 值將會決定有哪 6 種光圈 + 快門速度的組合, 來拍出正確曝光的照片。我們可以把 ISO 想成是一群對光線產生反應的木匠, 他們會利用光線來搭建房子 (換言之, 就是產生影像), 所以 100 名木匠如果要建 16 間房屋, 所花費的時間一定比 400 名木匠來得久 —— 如果說 100 名木匠要花上 16 天, 那麼 400 名木匠就只需要 4 天, 就能蓋成這 16 間房屋。

可是這跟攝影有什麼關係?好, 現在假設您希望 "清楚" (有足夠的銳利度) 捕捉到從礁岩上濺起的浪花, 或越野賽車手自跑道凌空而過的畫面, 是否代表用愈多的 "木匠", 就愈能拍好呢?

錯!即使 400 名木匠 (ISO 400) 蓋好這 16 間房屋的速度, 比 100 名木匠 (ISO 100) 快上 4 倍, 但並不代表『品質』一定就好。事實上, 雖然每間房屋從表面上來看都長得一模一樣, 但關鍵是:當房子完工後, 這 400 或 100 名木匠都將**永久**與您住在一起 —— 如果 100 個人擠在一起會產生 "噪音", 那麼 400 個人的噪音又該會有多大?

這樣的 "噪音" (Noise), 攝影術語稱之為**雜訊**或是**顆粒** (Grain), 在使用高感光度設定 (如 800、1600 或更高) 時會變得更加明顯, 同時也會影響到影像的整體銳利度、彩度、和對比度 —— 例如您雇用了 800 名木匠 (ISO 800), 但為了讓畫面中的 "細節" 看起來更清楚, 就非得用小光圈來拍攝;結果景深和銳利度是增加了, 但雜訊也變得更多了。

如進一步細看這張用高 ISO 所拍攝的影像, 就會發現不光是拍攝主體, 連畫面四周都出現許多不該有的 "瑕疵";此外, 高 ISO 下用小光圈 (如 f/16 或 f/22) 拍攝, 也讓不必要的背景過於清晰。反觀 ISO 100 所 "構建" 的影像, 就顯得比較完美 —— 即使附近有任何有礙觀瞻的房子, 您說不定根本不會注意到、或是讓它們分散了原本的注意力。

ISO 100

ISO 400

ISO 800

ISO 1600

這 4 張拍攝我女兒的照片，都是用固定的快門速度 1/250 秒，來捕捉動作的瞬間，彼此間的差別只在於 ISO 和光圈，好保持相同的曝光值 —— 隨著 ISO 值的提高，畫面的視覺效果也出現變化 (雜訊變多、景深變深)。

我說這些, 最主要的重點是:只要快門速度足以拍下那稍縱即逝的瞬間, 就算是 ISO 100 也已足夠。如果您還相信一定要高 ISO, 才能捕捉夠銳利的凍結畫面, 那還真是個笑話了!尤其是如今各款相機在處理高 ISO (800 ~ 6400 以上) 的降躁 (減少雜訊) 能力上, 都有長足的進步, 但在這些 "高 ISO、低噪感" 的廣宣訴求下, 許多人很容易就被誘導, 甚至會認為從此之後, 就再也可以不用三腳架來拍照了 —— 簡直不可思議啊!

我舉個例子來說明:假設在拍攝您兒子大腳一踢、射入致勝得分的那一幕時, 您的相機設定是 ISO 1000、f/16、1/1000 秒, 那麼您兒子的得分鏡頭就會被他肩膀後面、坐在第 15 排座位上的熱狗攤販給 "搶走" (分散注意力);但如果您是用 ISO 200、f/5.6、1/1000 秒, 畫面中就看不到那位熱狗攤販 —— 因為光圈 f/5.6 的景深較淺, 所以就只會把清楚的範圍 "限縮" 在您兒子得分的那一腳上。

進一步想, 攝影可拍攝的主題並不僅只有動態畫面, 還包括了像是夜間或低光照明等拍攝環境, 此時通常都會建議用 ISO 100 或 ISO 200 來拍照 —— 但真是如此嗎?當然不是, 當您在室內、夜間、或低光環境下, 偏偏不能 (或不想) 使用三腳架, 這時自然得把 ISO 拉到 800、1600 或更高;但這裡用高 ISO 的主要目的, 並不在於凍結動作, 而是因應現場光線不足下的權衡之計。

補充 但沒了三腳架的協助，您大概就只能用手持方式拍攝一些靜態的影像，而無法用慢速快門 (或 B 快門) 來捕捉夜間攝影常見的動態畫面了。

由於這家位於新加坡小印度街區的商店，光線實在太昏暗了些，我只好用高 ISO (ISO 1600) 來拍攝；所以，即使該幅影像的鄉土氣息或構圖上都相當不錯，但還是可看到明顯的雜訊 —— 但在當下，即使高 ISO 會產生無可避免的雜訊，但我們大多數人還是只能 "勉為其難" 地接受了。

17-35mm 鏡頭 (24mm 焦距)，光圈 f/8，快門速度 1/60 秒

用 ISO 100、200 和 400 來凍結動作

下表中顯示了該如何用低 ISO 值來捕捉動作的一瞬間, 並拍出完美無瑕的影像;另外, 表中的數據都是以晴天下拍攝順光或測光主體為前提的。

ISO 100	ISO 200	ISO 400
f/4, 1/1600 秒	f/4, 1/3200 秒	f/4, 1/6400 秒
f/5.6, 1/800 秒	f/5.6, 1/1600 秒	f/5.6, 1/3200 秒
f/8, 1/400 秒	f/8, 1/800 秒	f/8, 1/1600 秒
f/11, 1/200 秒	f/11, 1/400 秒	f/11, 1/800 秒
f/16, 1/100 秒	f/16, 1/200 秒	f/16, 1/400 秒

高 ISO、低噪感

猶記得先前 Nikon 大張旗鼓地發表了 Nikon D3s 時, 新增了可達到 ISO 102400 的超高感光度功能;即使是在 ISO 6400 時, 該相機所拍攝的影像畫質依舊 "乾淨", 幾乎看不出有任何雜訊 (或噪點) —— 當時網路上一堆人瘋狂轉貼、發文, 興奮不已, 但是, 我沒有!沒錯, 擁有一台高 ISO、低噪感的相機是真的很酷, 但它對『創意曝光』有任何意義嗎?當我捨 ISO 800 而改用 ISO 6400, 結果又如何呢?

就我個人而言, 我喜歡在自然光下拍照, 那意味著我 100% 只在戶外拍攝, 且絕大部分是在黎明前、清晨、傍晚和日落時分, 在這些時段, 我尋找的是『有創意的』曝光機會, **而不是**正確曝光就好;換言之, 我在找尋可用來 "敘事" 或 "隔離" 主體的拍攝機會, 或是拍攝一些充滿動作感的畫面。

您想想, 一個 ISO 6400 要如何幫我將一朵花從整大片花海的背景中突顯 (或 "隔離") 出來呢?不會!事實上, 它只會破壞了我這個難得的拍攝機會!您想想, 在 ISO 6400 和 f/5.6 大光圈下, 我的快門速度得設到 1/12800 秒, 這簡直太誇張了 —— 我根本不需要這樣的快門速度!如果改用 ISO 800, 快門速度就降為 1/1600 秒, 若是 ISO 400, 也有 1/800 秒, 甚至設為 ISO 200 也都還綽綽有餘呢, 不是嗎?

再如, 該如何拍攝橫跨舊金山市的跨海大橋呢?如果是 ISO 6400, 即使我把鏡頭縮到 f/22, 最慢的曝光時間也只有 1/4 秒!天啊~ 這該怎麼拍下穿越大橋、進入市區的紅色車跡 (至少要有 4 秒以上) 呢?但如果改用 ISO 200, 即使光圈同樣是 f/22, 快門速度就會延長到 8 秒了。

另外, 如果是拍攝叢林裡從高約 20 公尺、奔騰而下的瀑布呢?在高 ISO 下, 即使在一個灰沉的陰天裡, 即使我把光圈縮到 f/22, 這最慢的快門速度還是只有 1/15 秒 —— 這根本不夠慢、也表現不出瀑布如絲滑般的流動感, 這樣的場景至少也要有 1/4 秒以上吧!

補充 或許有人會說:那就加裝一片可降 3 級光量的 ND8 減光鏡就好了啊!是沒錯, 可如果這樣, 那為何不直接將 ISO 降到 200 呢?

那麼, 把動作凍結住總該用得上高 ISO 了吧?也許吧, 但這裡的『動作』有多快呢?是捕捉一顆子彈穿破氣球畫面的瞬間?如果是那樣, 這倒是個好主意, 但其他更多人拍攝的主題呢?比如說運動項目;但當我在拍攝戶外運動時, 還是不需要用到高 ISO 值 —— 因為我並不需要再更快的快門速度!

早在數位相機出現之前, 運動攝影師最多也僅需要 ISO 200 或 ISO 400 就足以凍結動作;更何況, 高 ISO 除伴隨著高速快門外, 同樣也會遇到前面所說的問題:那就是得用較小的光圈值!這不但突顯不了拍攝主體, 反而會讓我的影像變成 "大災難" —— 因為當我用 ISO 6400、1/1600 秒拍攝時, 光圈竟然是 f/16!所以我不僅拍下運動員大步跨過終點的那一瞬間, 也因為景深過深、把背景中的觀眾和粉絲都給 "拍出來" 了。

補充 但如果是室內舉辦的體育賽事, 那我就會用到 ISO 1600、6400、甚至更高 —— 以這裡的論點來說, 這就是 Nikon D3、D3s、D700 等這類高階單眼可以發揮所長的地方了!

最後一點, 由於數位相機調整 ISO 值實在太過方便了, 所以我常常看到許多人會犯下這樣的錯誤:一旦改變過 ISO 值之後, 在拍下一張照片之前就忘了改回來, 結果可能原本機會快門抓得相當精采的照片就這樣 "毀" 了。當然, 或許您會說:後製時再到 Photoshop 裡修回來就好啦!但是, 朋友們, 為什麼您有時間花上半小時坐在電腦前修圖, 卻沒時間花個幾秒鐘在相機上改個設定呢?

凍結動作 — 高速快門

請問：1/100 秒到底有多快呢？不管您信不信，它的速度比您眨個眼的時間 (約 1/10 秒) 還快上 10 倍！既是如此，或許您會認為 1/100 秒的速度已足以凍結住任何在移動中的物體 —— 然而，這很顯然是錯的！

捕捉一張成功的凍結影像，除了 ISO 之外，正確的快門速度是最為關鍵的要素！一般而言，絕大多數的戶外運動攝影，想要凍結動作的快門速度通常都會落在 1/500 秒 ~ 1/1000 秒之間。

許多攝影者經常會討論到『拍攝者與主體間的距離』，但這裡存在著一個盲點：拍攝者與眼前動作之間有多 "近" 或多 "遠"，卻未必與實際的距離成正比。

現在，假設我站在約 15 公尺遠的地方，用一支 400mm 的鏡頭來拍攝越野賽車比賽，那麼框景中的賽車手就彷彿出現在我面前一般 —— 換言之，如果主體占整個畫面的 75% 以上，那麼我所看到的，就如同近到跟我『坐在同一張床上』般那麼 "近" 了！

假如您真的與拍攝主體近到如同『坐在同一張床上』，那麼在決定快門速度之前，您必須要考慮到另一個重要因素：畫面中的主體是朝你而來？還是從畫面的某一側 "橫向" 移動到另一側？或者是向上、或向下移動？

如果主體是朝著你 "走" 來，那麼只需用到 1/250 秒便足夠 (體育攝影也不例外)；而如果是左右或上下移動，那就得用到 1/500 秒 ~ 1/1000 秒的快門速度；甚至，在某些特殊情況下，您有可能得用到 1/2000 秒 (或以上) 的快門速度。

200-400mm 鏡頭 (400mm 焦距), ISO 200, 光圈 f/14, 快門速度 1/250 秒

17-55mm 鏡頭, ISO 100, 光圈 f/11, 快門速度 1/250 秒

這裡有 2 張截然不同的動作類型, 但它們都是使用了 1/250 秒的快門速度。

左上圖這張我將相機架上三腳架, 並以 400mm 鏡頭捕捉賽馬者奔向終點線的畫面；就我而言, 我只需等待馬匹跑進框景、並填滿整個畫面時, 就是最佳的機會快門 —— 由於拍攝主體是朝我而來, 所以 1/250 秒的快門速度就足以凍結動作了。

至於左下圖這張, 或許對某些人來說, 走在路上碰到黑貓橫越面前代表著惡兆, 但對我來說卻是相當幸運的一件事。我跟蹤這隻貓約 5 分鐘左右, 最後牠爬上通往當地某戶人家的階梯, 在色彩鮮豔的階梯頂端找到休息之處。我移動到靠階梯左方的牆角, 讓自己可以由對角方向朝下拍攝這道階梯, 接著我就只需等待黑貓跑下階梯的時機 —— 但牠卻顯得相當悠然自得, 躺在階梯頂端準備睡午覺, 直到一隻大狗朝牠吠叫並跑過來, 我也才能拍到這張照片。

關於手持拍攝的二三事

在一般的經驗法則中, 當您手持相機拍攝時, 所選擇的快門速度 (分母) 最好不要小於鏡頭上設定的焦距！然而, 現今搭載防手震 (如 VR、IS 等) 功能的鏡頭, 卻可以讓我們打破這樣的 "規則" —— 此時手持拍攝的快門速度, 通常可比原來的『法則』, 再慢個 2 ~ 3 級左右。

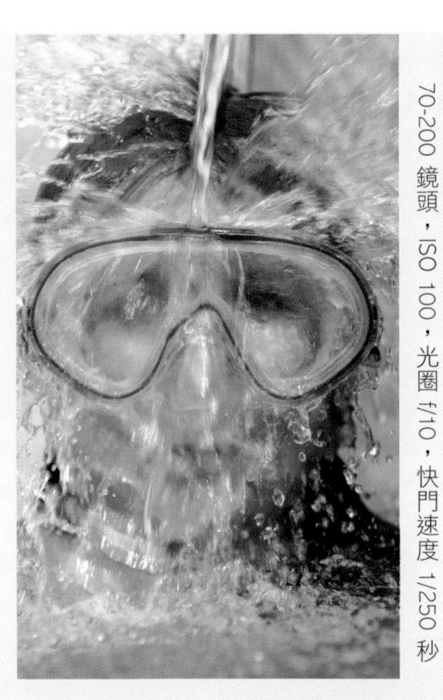

70-200 鏡頭，ISO 100，光圈 f/10，快門速度 1/250 秒

為了拍攝我女兒克蘿伊在墨西哥坎昆 (Cancun) 的一處游泳池水瀑下的畫面, 我手持著相機 (在泳池的淺水區), 設好光圈快門之後, 便拍下了這張照片。

在拍攝右頁上方的這張照片時, 我叫我女兒在泳池某一處定住不動, 然後從水下蹬起、並將頭髮整個往後甩 —— 由於她的腳固定不動, 所以我可以預先做好對焦和構圖動作, 接著, 我只要數到三就可以了。

右頁下方的照片則是在夏威夷茂宜島 (Maui) 上拍攝一位衝浪者, 他正從我框景的右邊衝向左邊；在這裡, 我將快門速度設定在更快的 1/1000 秒, 並以海面上約 30 度的天空做為測光基準 (參見 **7-46** 頁), 好拍出浪花的白色。

此外, 由於主體的移動速度非常快、也較難以預測其下一秒的動作, 因此我將相機的自動對焦模式改為 AF 伺服 (AF-Servo) 自動對焦 —— 這是我這台 Nikon 相機的功能之一, 它可在我用觀景窗不斷追焦之際, 確保主體都能對到焦 (合焦)。

20-200mm 鏡頭 (100mm 焦距), ISO 400, 光圈 f/11, 快門速度 1/800 秒

Nikkor 200-400mm 變焦鏡頭, 單腳架, ISO 100, 光圈 f/5.6, 快門速度 1/1000 秒

進入『水』的世界

要到哪裡尋找絕佳的動作鏡頭呢？在過去的幾年裡, 我才開始了解有許多活動是在水中或親水的地點進行。

想想看, 地球表面有 70% 以上被水所覆蓋 (占了幾乎快 3/4 的比例), 無怪乎我們會受到水的吸引 —— 游泳、潑濺、潛水, 或是衝浪、划水、騎水上摩托車、駕駛帆船、划小舟, 甚至是越野自行車也可以沿著岸邊騎走。

再說, 同樣是水, 蒸發之後變成雲霧, 到了冬季便降下靄靄白雪, 讓滑雪者可恣情賞玩；我們也用乾淨的水來洗滌、飲用、種植蔬果, 甚至拿來滅火！所以, 水是無所不在的, 它也是所有攝影者想要拍攝充滿動作影像的最好素材。

有一次，我搭乘的飛機在從拉斯維加斯起飛後，遇上了一個極為不穩定的氣流 —— 當下幾乎沒有任何可以思考的時間，飛機劇烈地晃動、搖擺、震盪，就像快被四周的雲層給撕裂般地恐怖。當飛機終於通過這段驚險的氣流，我立即拿出我的相機，對著這美麗而狂暴的雲彩匆匆地拍了幾張。

Nikkor 17-55mm 鏡頭 (17mm 焦距)，ISO 100，光圈 f/8，快門速度 1/500 秒

機上和空中攝影

請記住這點：在**大部分情況下，1/500 秒就足以凍結動作** —— 這個原則對於機上和空中攝影同樣適用。當您搭乘某班次的客機從甲地飛往乙地，或是您某個朋友有他 (她) 自己的私人飛機，甚至您有幸坐上直升機參加導覽行程等等，都是機上或空中攝影的拍攝良機。

我非常熱愛空中攝影，即使是搭乘商務客機，只要知道旅途中將會有值得拍攝的機會，我就會盡可能 "換" 到一個靠窗的座位；當然了，我自然也不會把攝影設備放進托運行李 —— 無論走到哪，這些 "行頭" 都跟著我身邊，並妥慎收放在羅普 (Lowepro) 攝影背包裡。

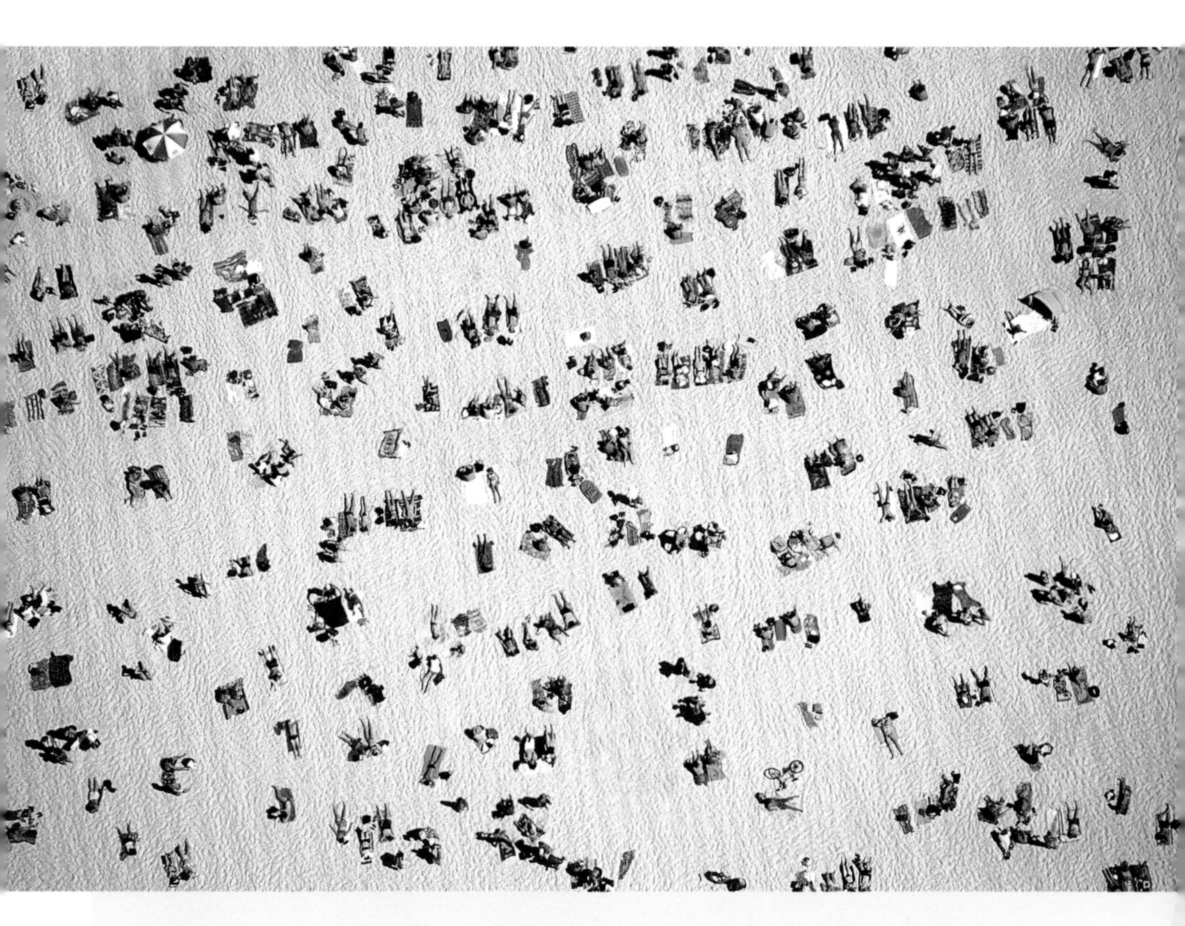

我很喜歡由上往下俯瞰景物，特別是從高空的角度 —— 我常常在想：『如果真的可以，那會是怎樣的畫面呢？』當自己走在澳洲雪梨著名的邦迪 (Bondi) 海灘時，我覺得這個答案一定是：『簡直太神奇了！』但更重要的問題是：我是否有辦法在星期天租到直升機？而且，直升機是否能夠飛過這片沙灘上方？或者是，這裡屬於飛行管制區呢？

2 個小時之後，我已經坐在直升機上，後座的門是敞開的；我在肩膀和腰間繫著安全帶，然後探出機門，手持相機拍了好幾張照片。

80-200mm 變焦鏡頭 (200mm 焦距)，光圈 f/8，快門速度 1/500 秒

同時，根據接下來飛行途中的景象，我會先決定好該換上 17-55mm 鏡頭還是 70-200mm 鏡頭；再加上，飛行途中所見的景色都是從左到右 (或從右到左) 移動，所以標準的快門速度自然就是 1/500 秒。

最後，當您回到地面，並想拍攝起降跑道的飛機時，這時候的快門速度可以介於 1/500 ~ 1/1000 秒之間 —— 不過，事實上，通常 1/500 秒就足以清楚凍結住上下移動的主體了。

我一個朋友的朋友想拍他的女兒，於是我便想出一個跳躍的畫面 —— 拍出來的效果非常棒！由於跳躍是屬於上下的移動，所以只要用 1/500 秒的快門速度就可以凍結住畫面；此外，我也發現一個訣竅：那就是在喊 "跳" 之後，只需等動作達到最高點再按下快門即可。

Nikkor 12-24mm 鏡頭，ISO 200，光圈 f/9，快門速度 1/500 秒

由於每一場摩托車越野比賽都有多達 12 ~ 15 名選手, 而每一名選手又都得在此處斜坡進行跳躍, 因此我有足夠的時間設定相機, 即使前幾張失敗了也沒關係, 反正接下來還有機會。

最初通過此地的賽車手們讓我能估出他們跳躍的位置, 並預先對好焦。我把相機架在三腳架上, ISO 值設為 400, 好讓 f/13 的光圈仍能可得到 1/500 秒的快門速度來凍結動作；之所以需要較深的景深, 是因為顧慮到對焦或許會稍有偏差的緣故。

等到一切設定完畢, 我便按下幾次快門, 這張照片就是其中一張 —— 或許一般認為人類應該無法飛翔, 但這些賽車手的照片或許會改變您的想法。

70-200mm 鏡頭, 三腳架, ISO 400, 光圈 f/13, 快門速度 1/500 秒

相機的連拍模式

在各種攝影場合中, 相機的**連拍模式** (Burst Mode) 可說是捕捉動態畫面時最重要的關鍵！在過去沒有連拍的時代, 要抓對正確的快門機會往往得碰運氣, 如今各款相機幾乎都可以選擇連拍模式 (甚至有所謂的『高速連拍』), 這讓攝影人在捕捉任何動作時, 都能有更高的成功率。有了連拍模式, 拍攝者就可以在動作到達巔峰前先啟動快門, 連續拍攝到動作停止後的 1、2 秒, 如此一來, 至少會有一、兩張令人滿意的成功照片。

放慢快門速度

大多數的職業 (或業餘) 攝影者在拍攝動態主體時, 常習慣於用高速快門來得到清晰銳利的照片, 而不是以慢速快門嘗試各種 "潛在的可能性" (The Art of Possibility)。

我先前已經提到, 要拍出動作靜止的瞬間, 主要用到的是 1/250 秒、1/500 秒及 1/1000 秒這 3 種快門速度;不過, 接下來讓我們看看另外一種情況的例子:也就是用 1/60 秒到 1 秒之間的快門速度。

就我看來, 慢速快門比高速快門有更多發揮創意的空間, 但相對地, 慢速快門拍出來的結果也較難以預期;不過正因為如此, 只要你夠耐心, 就可以得到令人驚豔的結果 —— 因為拍攝時刻意放慢快門速度, 將會讓充滿動作感的主體拍出全然不同的效果。

請嘗試著在沒有腳架的輔助下, 拿著相機到自家後院或街上, 以 1/4 秒或 1 秒的快門速度, 拍個 1 個小時看看 —— 大部分用慢速快門拍攝的作品多少都帶有點實驗性質, 但那些令人振奮的新發現, 也往往都是在實驗室中得到的。

每個攝影愛好者都會永不停止地追求創意表現與創新, 而在許多情況下, 在意想不到的地方使用慢速快門都可以獲得不少成功機會。這些作品通常都充滿著動作與緊張感, 傳達出強烈的氣氛與情感, 絕對不會讓人感到無聊 —— 即使無法辨識照片中的動作, 模糊的影像仍舊可傳達出巨大的能量。

右頁上圖我整個人平貼在車頂上, 刻意用一個較慢的快門速度, 拍出朝著自己方向移動的綠蔭小道, 想傳達出如鳥兒飛過這片樹林時所看到的感覺 (雖然車後座比較安全, 但拍攝角度太低了)。

其實在拍攝時所經過的路面並不平坦, 有那麼一兩次的顛簸跳動, 害我的心

臟差點跳到嘴邊了, 還好我朋友基利安 (Killian) 開得 "非常地" 慢, 才終於拍出這張成功的照片。

另一張照片同樣是用慢速快門來表現出動感：相機仍然是固定著的, 同時等候主體 (紅色卡車) 通過水錶時才按下快門。

最上圖：Nikkor 17-55mm 鏡頭, ND16 (4 級) 減光鏡, ISO 100, 光圈 f/11, 快門速度 1/15 秒

上圖：70-200mm 鏡頭, ISO 100, 光圈 f/16, 快門速度 1/30 秒

搖拍 (追焦攝影)

不同於先前所拍攝的慢速快門 (相機固定、主體移動) 效果, **搖拍** (Panning, 或稱 "搖鏡"、"追焦") 是刻意將相機和被攝主體『同步』 (以相同速度) 平行移動 —— 從觀景窗中來看, 移動中的主體會如同是 "定" 在同一對焦點般不動；此外, 您應該盡量 "追" 得平順, 如果相機移動得忽快忽慢、晃動、或是鈍鈍的, 通常只會拍出失敗的結果 (或影響搖拍的效果)。

所以, 當動作中的主體與您的相機平行, 您只需一邊用相同的速度由左至右 (或由右至左、由上至下、...) 追焦, 一邊輕按下快門鈕曝光, 直到拍攝結束為止 —— 如此一來, 原本移動中的主體就會相對變得 "靜止"、對焦處也會相當銳利；至於周圍靜止不動的景象, 則會變成水平或垂直的模糊線條。

如要讓搖拍的影像效果更佳, 建議您至少得用到 1/30 秒 (或更慢) 的快門速度；不過, 如果您拿的是數位相機 (沒有底片成本), 那麼不妨多試試更慢的快門速度 —— 像 1/15 秒、1/8 秒、1/4 秒等。

此外, 當您在練習搖拍的過程中, 就會更加發現到數位相機的好處：可以不斷地嘗試、不斷地失敗, 直到您拍出成功的一張為止...。這如果換成傳統底片, 可能心都要淌血了吧？

可用來搖拍的機會無所不在，但如果想找個色彩最豐富的地點拍照，那麼**城市**絕對是不二選擇的啦！城市裡不分日夜隨時隨地都在活動，當遇到下雨天，原本單調的人行道就會瞬間被一支支雨傘染成五彩繽紛的色彩。

在這裡，我手持相機，朝著對面正穿越人行道、行步匆匆的 2 個女孩 —— 色彩與動作的整體組合，製造出富有活力的熱鬧影像。

80-400mm 鏡頭 (300 焦距)，光圈 f/16，快門速度 1/15 秒

在聖托里尼 (Santorini) 島上的某一天早上，我很快地就被一群野狗給纏上 —— 這是不小心給牠們食物之後顯而易見的 "下場"；在拍完日出之後，我便和 "我的狗" 一同坐在廣場一家小咖啡廳的座位休息。

靜謐的清晨在 30 分鐘左右之後就變得熱絡起來，但只要廣場出現機車，這群狗就會跟在後面追咬騎士的腳跟，似乎絕不放棄這場遊戲 —— 於是我拿出相機朝著追咬騎士的狗，這可是練習搖拍 (追焦攝影) 的好機會呢！

17-55mm 鏡頭，ISO 100，光圈 f/16，快門速度 1/15 秒

我超喜歡新加坡的小印度區，這裡有許多載著觀光客的出租三輪車可用來練習搖拍 —— 當下我站在某個街角，將光圈設為 f/22，然後調整快門速度到 1/30 秒。

35-70mm 鏡頭 (35mm 焦距)，ISO 125，光圈 f/22，快門速度 1/30 秒

搖拍 vs. 適當的背景

當您在搖拍任何主體之前, 別忘了要挑選適當的背景, 才能拍出成功的作品。那麼, 究竟怎樣的背景才算 "適當"? 答案是: 盡量找五彩繽紛的背景!

在搖拍時, 背景會成為彩色的模糊線條, 因此背景色彩越是紛雜, 前方的主題就會更鮮明 —— 想想看: 假設你要在畫布上水平塗上一道道彩色線條, 如果都用同樣的顏色, 看起來就會像個單純的色塊 (看不出是用追焦拍的), 但如果使用數種顏色, 就可以看出不同的線條了。

同樣地, 如果你搖拍的對象是在一面藍色圍牆前慢跑的人物, 背景沒有任何色調變化或對比, 就看不出搖拍的效果了; 但如果牆上有許多亂七八糟的塗鴉, 搖拍之後就會得到很炫的背景。

簡言之, 背景的顏色越多、對比越強烈, 搖拍得到的影像就會越精彩!

在紐約康尼島 (Coney Island) 的這一天, 我完全沒料到會拍下這張由一群救生員從海邊救上岸的一個小女孩。

當時我看到救生員蜂擁而上, 將小女孩從沙灘架上擔架, 就下意識地將光圈縮到最小 (f/22), 也知道這將會得到最慢的快門速度 (這張為 1/30 秒), 接著我隨著主體移動、然後拍下了這張照片。

當時有位紐約每日新聞報的攝影師注意到我, 並請我讓她看一下液晶螢幕上的影像, 接著她便立刻打了電話給她的總編輯 —— 第二天早上, 我看到報紙第二版上刊出了這張的黑白照片 (慶幸的是, 後來這個小女孩已完全康復了)。

17-55mm 鏡頭 (35mm 焦距), 光圈 f/22, 快門速度 1/30 秒

如果說這張追焦影像有什麼不同的地方，那就是它是垂直移動、而不是水平的 —— 我的左手從畫面下方緩緩往上移動，另一手則拿著相機對著它按下快門。

您不妨也花個一個小時來拍自己的手：用一隻手握住相機，然後用較慢的快門速度 (如 1/15 秒或 1/8 秒等) 來拍另一隻手，結果一定讓您感到驚訝！

12-24mm 鏡頭, ISO 100, 光圈 f/16, 快門速度 1/15 秒

垂直移動

通常情況下，大部分的主體都是從左至右、或是從右至左的移動，但也不可忽略了其他可拍攝垂直動作的好機會 —— 如彈跳高蹺、蹺蹺板、或是在遊樂園中的 "自由落體" 等遊樂設施。

三腳架下的動作

當我們將相機架在三腳架上保持固定，並拍攝移動中的物體，如此便可在照片中**暗示動作**的存在 —— 所拍出來的影像中，移動的物體會顯得模糊，靜止的物體則能得到銳利影像。

畫面中會移動的物體有很多種，如瀑布、河流、波浪、飛機、火車、汽車、行人或慢跑者等；另外，較少成為攝影主題的例子還有：敲打釘子的手、從烤麵包機跳出來的土司、織毛線衣的手、從壺中倒出的咖啡、天花板上的風扇、旋轉木馬、翹翹板、掉到湖裡之後爬到岸邊甩掉身上水珠的狗、被風吹亂的頭髮、甚至吹過一片長滿野花的草地的風... 等。

拍攝這些動作場景時，必須經過不斷地錯誤嘗試，才能找出最恰當的快門速度；這時數位相機的長處再度呈現 —— 因為你可以立刻在 LCD 螢幕上看到拍攝結果，決定先前的快門速度是否恰當，而且也不需浪費大量的底片成本。

拍攝動態場景的快門選擇方式有些基本法則，可作為開始嘗試的起點，譬如：拍攝瀑布或河流時，1/2 秒的快門速度能夠得到棉花糖般的質感；1/4 秒的快門可以讓織毛衣的手部彷彿以高速動作；當 50 km/h 的陣風吹過染上秋色的楓樹，1 秒的快門速度就可以拍出清晰的樹幹和晃動中的樹葉。

秋天的楓紅經常隨伴著強風或陣雨而來，許多人可能會待在一處，一直苦等著風完全靜止的時刻，結果到最後連一張都沒拍到 —— 可是，為什麼不試著把 "風" 一起拍進來呢？

當我把相機架在三腳架後，我將光圈縮到最小，好得到最慢的快門速度 —— 在 ISO 100 下，我得到了 1/2 秒的快門速度，而在現場約 50 km/h 的風勢下，我推斷這樣的快門速度已足夠慢了。

70-200mm 鏡頭，ISO 100，光圈 f/22，快門速度 1/2 秒

當我第一次看到這面黃色牆壁時，它和藍色與紅色的標誌之間所形成的對比是相當鮮明的；但當我開始拍攝後，我覺得整個畫面裡少了一些 "點景" 的元素。於是乎，我請我的朋友菲力普朝著和 "PARIS" 相反的方向，以正常的行走速度前進；而我除了使用三腳架之外，還加裝一片減光鏡，好得到更慢的快門速度，這也讓我朋友在畫面中變成了一個模糊的身影。

Nikon D2X，17-55mm 鏡頭 (55mm 焦距)，加裝減光鏡，光圈 f/22，快門速度 1/4 秒

在日出之前就到威尼斯的一處碼頭邊拍照，最大的好處就是可以享受到空曠的自由；當然了，在這個時候，無論您想要拍什麼景色，快門速度都會很慢，所以三腳架是絕對少不了的。

第 1 張照片 (右頁圖) 是以 f/8、1/8 秒所拍攝的，畫面中並沒有捕捉到明顯的動作。但就在此時，一艘大型渡船駛過畫面而去，這時平底船被激起的波浪左右擺晃；於是我趕緊改用一個更小的光圈、更慢的快門速度，並搭配減光鏡來減少 2 級曝光量，結果就如上圖。

上圖：光圈 f/22，快門速度 4 秒 / 右頁圖：光圈 f/8，快門速度 1/8 秒

背景中的動作

在所有的拍攝技巧中，我最喜歡的就是在構圖中 "加入" 動作的元素；但這裡所謂的『加入』動作，可不是用 Photoshop 來製作特效，而是在攝影時拍攝任何可見的動作 —— 哪怕是再毫不起眼、再細微的動作都行。

很多時候，許多攝影者常常拘泥於要拍出非常銳利的畫面，為了成就一張照片，似乎等到天荒地老也甘願！但在我看來，當畫面中存在著動作時，只要設定好適當的快門速度 (通常在 1/8 秒 ~ 1/2 秒之間)，就可在一幅清晰的影像當中，巧妙地添加上一些 "模糊" —— 在構圖中，包含些微的模糊動作絕對是值得您考慮的！而且，根據之前所拍攝的構圖，也很容易判斷這些動作該出現在背景、前景、或是畫面的左右兩側當中。

在坦帕 (Tampa) 的攝影研習班期間，有一回我人在海邊的停車場，看到一位學生正拿著望遠鏡頭、想拍出突顯 (隔離出) 收費碼表的畫面 —— 同時，她還想等著高速公路上的汽車 (或卡車) 通過收費碼表後方時，再按下快門。

我很開心的是，她的想法很快地就傳遍了整個班上的其他人，而我只想說：這裡有足夠多的收費碼表，以及行進中的汽車和卡車可做為背景線條。

70-200mm 鏡頭，ISO 100，光圈 f/16，快門速度 1/30 秒

154
152

環境肖像照 (即拍攝主體與其周遭環境一起入鏡) 最好使用所謂的抓拍鏡頭或標準變焦鏡頭 —— 以全片幅來說有 24-105mm、28-70mm、35-70mm 等焦段, 至於數位專用鏡頭則是 18-70mm、17-50mm、24-70mm 等。

當我在拍攝這個小男孩的人像照時, 他的另一個朋友不斷地在他身後跳躍著 —— 這在背景中的第 2 個男孩確實是拍攝時的意料之外；但事實上, 如果您試著用手遮住這個 "背景", 就會明顯感覺到畫面變得平淡且乏味許多。

最後, 請注意到我的快門速度為 1/250 秒, 這就如我先前所說的, 這就是您所需要的 "細微" 動作。

Nikkor 35-70mm 鏡頭 (35mm 焦距), 三腳架, 光圈 f/11, 快門速度 1/250 秒

這是多麼充滿動感的一幅影像啊！當時我請一位學生拿了把破傘，坐在威尼斯聖馬可廣場 (Piazza San Marco) 上，並等著大型的旅遊團通過時才按下快門 —— 由於當天氣候不佳，所以並沒有人阻止。

這張照片讓我最喜歡的是它的『層次』效果：在一張影像中結合了色彩 (雨傘)、線條 (背景的拱門曲線)、以及動感 (快步行走的旅遊團團員) 等元素。

70-200mm 鏡頭 (105mm 焦距)，ISO 100，光圈 f/4.5，快門速度 1/4 秒

低光條件下的動作：1 秒以上的快門速度

在日出之前或日落之後很難拍出好照片，這似乎成了攝影界的 "潛規則"，而這些年來我最常聽到的 3 個理由有：(1) 光線不足 (2) 要用一台更昂貴的相機才能拍攝這些場景 (3) 我不知道該如何測光。

然而，即使是在這些時段，還是會有足夠的光線，並且測光方式也非常簡單。事實上，我想大多數攝影者不在晚上出外攝影的理由，單純只是因為不想干擾到正常作息罷了 (只要問問我太太和女兒就知道了)！

注意 這裡主要是探討低光照條件下的動態畫面，至於其他主題，請參閱 **7-54** 頁。

一旦您已經決定要拍攝這樣的主題，那麼首要的課題就是該如何調整曝光。目前數位相機的測光錶都非常精準，即使是在最暗的光線下也能獲得正確的曝光值 —— 但這對許多攝影者而言，似乎還有許多的困惑：「我到底該對哪裡測光？我的曝光時間要多久？」

根據我多年來測光的經驗，最保險的做法就是對準天空測光！不論主題是順光或逆光，也不論我是在拍黎明第一道光線或傍晚最後一道夕陽餘暉 (請參閱 **7-46** 頁)。

該如何曝光這類的問題，其實應該在本書的『創意曝光』原則中就已經有說明了：您究竟是想等待一個充滿動作的拍攝機會，還是只想簡單地拍張城市上空的天際線？要拍大景，還是局部特寫？

其實不管哪一種拍攝方式，測光和讀取曝光讀數的原則都是相同的，但如果有動作在其中 (如車流燈跡)，那麼您就可以讓曝光時間延長，好將車流拍成一道道的紅色線條 —— 這時就需要用到 1 秒以上的快門速度，像最少 4 秒的曝光時間，就可讓車尾燈變成條紋。

補充 至於說快門速度該設多長，您不妨以天空的測光值為基準，然後再重新調整光圈大小，觸發快門則可善用倒數自拍或加裝相機快門線，以避免晃動。

低光照 (Low Light) 攝影的確是個挑戰：您得使用三腳架 (以獲得銳利的影像), 並具備一點數學能力 (簡單的加減法), 才能得到正確的曝光 —— 不過, 我覺得最大的障礙, 還是個人的意志問題；此外, 如果您會擔心夜間的安全問題, 那麼不妨加入一個攝影社團, 和同好一起外出夜拍。

在我的課程當中, 每位學生很快就會發現到, 其實在日出前和日落後都有許多的拍攝機會, 特別是在動態 (動作) 這部分, 您所得到的回報遠遠超過任何付出或任何不便！所以, 如果您有至於拍攝令人驚豔的作品, 那麼低光照攝影絕對能提供很棒的素材, 在這之中引人注目的影像比比皆是。

ISO 640, 光圈 f/8, 快門速度 1/30 秒

ISO 100, 光圈 f/22, 快門速度 4 秒

紐約的時代廣場就和其他熱門的拍攝景點一樣受到歡迎, 所以在日落前 30 分鐘, 您就應該 "就定位", 並準備好一切裝備。

當華燈初上、天空也開始變成深藍色之際, 您可以有數種的曝光選擇 —— 但如同這裡所示範的, 在低光照條件下以一個較長的慢速快門, 所得到的效果是更令人驚嘆的；換言之, 這意味著您需要一個三腳架！如果您沒帶, 那麼還是可用 ISO 640 手持拍出正確的曝光 (如上圖), 一張凍結所有動作的照片。

但我總是較偏好用 "長曝" 來捕捉畫面中的動作, 像是車流的燈跡。所以在下圖中, 我將相機架上三腳架, 並盡可能地使用最長、最慢的快門速度。

兩張照片：12-24mm 鏡頭

當我在羅馬的聖彼得大教堂 (St. Peter's Basilica) 進行長曝時, 雖然後來兩旁的路燈都亮了, 但教堂本身卻完全沒有 "點亮" 過！

拍攝這張照片時, 我用了從不離身的 FLW 濾鏡 —— 可別把這款洋紅色 (FLW) 濾鏡和 FLD 弄混了, FLW 的彩度較高, 也更能讓城裡偏綠的燈光產生溫暖的效果, 它的顏色還會染上天空, 當天空顏色十分灰濛的晚上最好用了。

我把相機架上三腳架, 將光圈設為 f/4, 接著對著昏暗的天空測光, 調整快門至 1/2 秒 —— 不過既然打定主意要曝光愈久愈好, 後來又把光圈縮到 f/32, 快門則放慢到 30 秒。

105mm 鏡頭, 光圈 f/32, 快門速度 30 秒

Chimping：拍完就立刻檢查照片

不管您用凍結、暗示動作、或搖拍等攝影技巧, 請在拍完就立刻『Chimping』! 這是什麼意思呢? 它意指一拍完就馬上在液晶螢幕上觀看影像, 並檢視照片拍得好還是不好, 拍的不好就立刻刪除。

有傳言說, Chimping 這個點子是發生在某年秋天的美式足球賽期間, 當時有位專業的運動攝影師被人發現他在比賽暫停之間在 Chimping —— 那時他正從螢幕上查看並刪除他認為 "壞" 的影像, 只保留下真正有吸引力的照片。這舉動對其他的攝影師而言, 簡直就是『欺騙』! 因為他只留下最好的作品, 會讓人誤解他所有的照片都是拍得這麼棒。

但對我來說, 拍完當下的篩選 (Chimping) 動作絕對是正常的, 因為這至少有 2 個用途：(1) 騰出更多的記憶卡空間 (2) 節省後製所需花費的時間 —— 因為我已經把拍壞的照片都刪光了。

所以, 我是絕不會拋棄 Chimping 這個動作的, 相反的, 我還會建議您也跟著這麼做! 這種看似 "斷然" 的動作, 不僅可以讓您在後製時少花點精力去一張張過濾, 還能讓您在拍攝當下, 就能先從觀景窗中注意到更多不該出現的東西 (背景或取景周圍)。

只要天空還有餘光，我一定在現場拍到完全漆黑為止。這張照片是在美國猶他州的拱門國家公園 (Arches National Park) 所拍攝的，多年前，我一直想找到可襯托出岩石的天空，卻一直不得所願 —— 但這個畫面卻震撼了我：就是它了！

於是我立刻將相機置於三腳架上，並擺放在車子的頭燈之前，然後調整構圖，將蜿蜒的盤山公路、遠方的怪石奇岩、和魔術藍般的天空納進畫面當中 —— 這時正確曝光的測光讀數為光圈 f/4、快門速度 1/2 秒 (以天空為測光基準)，但由於我想用長曝來捕捉車尾的燈跡，於是將光圈縮至 f/16，快門速度因此降到 8 秒之久，同時也得到了我所需要的景深 (從近到遠都清楚)。

17-35mm 鏡頭 (24mm 焦距)，ISO 100，光圈 f/16，快門速度 8 秒

非都市中的低光照動作

即使您附近沒有熱鬧繁華的城市，也不代表就無法拍出低光照條件下的動態影像，您可試著按照以下的方法 (喔～ 我並沒有開玩笑)：

在一個空地或庭院中，用一個延長線和一組聖誕節燈飾，找個自願當 Model 的人，把燈飾環繞在他 (她) 的身上；然後請這位 "麻豆" 在您面前走動、跳動、擺動，然後拍下這樣的畫面 —— 當您用一個低角度 (把還有點顏色的天空納入) 拍攝時，結果將會是什麼呢 (但保證絕不像是個 "人")？

波特蘭玫瑰節 (The Portland Rose Festival) 是我所知道能讓攝影者從莫里森大橋上拍攝的節日之一, 節日中的娛樂公園遊樂設施所帶來的燈光和各種動態畫面, 絕對是拍攝低光照動作的最好機會。

就跟拍攝車流燈跡一樣, 您需要超過 1 秒以上的快門速度 (三腳架自然免不了), 才能捕捉到繽紛的動態感, 所以, 我同樣先取得天空的測光讀數, 然後重新構圖並拍照。

此外, 您或許發現這裡的雜訊似乎不見了, 那是因為我用了柯達的 Digital Gem Noise Reduction 濾鏡, 這是一個您可以在 Kodak 網站付費然後下載的外掛程式。

12-24mm 鏡頭, 三腳架, ISO 100, 光圈 f/11, 快門速度 4 秒

學會去「看」

無論您是用哪種光圈和快門速度來做到有創意的正確曝光, 都是您自己不斷地去嘗試、去學習所得到的, 在這一點上, 攝影是公平的。但是, 只有這樣並無法保證您每一次都能拍出好看的照片, 因為除了通曉曝光的知識外, 您還需要另一個最重要的技能：**學會去看！**

培養攝影的視野 (Vision) 是許多攝影者戮力以求的目標, 然而, 儘管經年累月的在拍照, 許多人卻還是沒能擁有這種藝術的眼光；本章就是要讓您了解該如何學會去看, 並透過練習, 來了解自己過去的方向有無偏差 —— 我們不僅教您如何增長視野、擴大視野, 更希望您能培養出屬於自己的個人風格。

毫無疑問的, 有沒有真的看出來, 絕對是每個攝影者都必須克服的最大障礙之一, 但以我 30 幾年累積下來的教學經驗, 我深深相信, 每個人都有辦法學會『看得更有創意』！

了解攝影的『語言』

每個人都有雙眼可以看見, 但為什麼別人可以看到有趣的景物, 但我們卻與其擦身而過、失之交臂呢?

如果您曾參加過坊間的攝影補習班, 或是和攝影同好外出拍照過, 就會知道我這句話說的意思 —— 當您人到現場還在一臉茫然、不知該拍什麼的時候, 這時在您身旁的同伴們早已對著滿山的楓紅開始取景構圖了!

您會很納悶地想知道:『為什麼我沒看到呢?』這個答案很可能有好幾個:或許您心裡面還一直想著工作上的事情;或是衣服忘了多加一件, 結果全身冷得發抖;又或者, 這才是最常見的原因 —— 您並沒有真的瞭解該怎麼運用手上的這台相機 (和鏡頭)!

我曾在德國、荷蘭、法國等 "國外" 生活過, 所以經常得面對用『外語』溝通的挑戰, 這或許是一項艱鉅的任務, 但耳濡目染下也就自然而然學會了;那就像把嬰兒放在一個游泳池裡, 他很快就學會游泳一樣, 當您住到國外, 也會很快地 "學會游泳" —— 為了生存。

回到主題, 為什麼您要學會『看得有創意』呢?因為那就是攝影的一切!說實話, 身為一位攝影者 (師), 相機和鏡頭就是您專屬的 "語言";除非您自己願意去學習這門語言, 否則毫無疑問的, 您就像是一位彆腳的 "外國人", 永遠只會拍出笨拙、彆扭的照片。

您知道廣角鏡頭、望遠鏡頭、魚眼鏡頭會拍出什麼樣的畫面 ("語言") 嗎?知道廣角鏡頭 (或望遠鏡頭) 的最短對焦距離是多少嗎?知道當微距鏡頭接上接寫環之後, 最短對焦距離又會變成多少嗎?知道廣角鏡頭最廣視角的視野是長怎樣的, 望遠鏡頭的視角又是如何的呢?知道拿 (超) 廣角鏡頭貼在地面上拍, 這個 "世界" 會變成什麼模樣嗎?當您裝上一支 80-200mm 的變焦鏡頭, 那麼最大的視角是在 80mm 端還是 200mm 端呢?如果要在長時間曝光過程中變焦, 那麼從 80mm 轉到 200mm、跟從 200mm 轉到 80mm 所得到的效果會一樣嗎?另外, 使用 2× 增距鏡的效果和用接寫環的效果一樣嗎?

最後一點就是, 如果您每天、每週都不斷地練習這些 "攝影語言", 就會如同在自己的國家裡講國語一樣流利;但如果您是隔個幾個月、甚至幾年才拍那麼一次, 那學習的成效當然比不上那些天天拍、週週拍的攝影同好們。

在拍攝這張照片時, 我走出了酒店大廳, 面朝向西方看見了帶著奇幻色彩的落日, 正緩緩西沉在義大利威尼斯的一座教堂上 —— 此刻的我**不禁**要問問自己:「這時候該用哪顆鏡頭呢?」

就像您在抵達義大利之前會先學幾句義大利話, 在拍照之前, 您也應該花點時間瞭解一下鏡頭的 "語言" —— 對於這樣的快門機會, 您就會本能地裝上 70-200mm 鏡頭、架上腳架, 將焦段設在 200mm 端;接下來, 當您把光圈縮到 f/22, 並對著太陽左邊的天空進行測光, 就會看到可正確曝光的快門速度為 1/15 秒。

最後, 當 3 隻大型的鴿子湊巧飛進拍攝畫面時, 您早已經準備好按下快門, 也就能很幸運地捕捉到這充滿動感的一瞬間。

70-200mm 鏡頭 (200mm 焦距), ISO 50, 光圈 f/22, 快門速度 1/15 秒

用鏡頭來看

那麼, 我們該怎麼看？是否有一個鏡頭與肉眼所見之間的對應關係呢？我打個比喻：如果您遮住一隻眼睛, 用另一隻眼睛來環顧四周, 這時所看到的視野大約等同一支 50mm 鏡頭的視角 (所以這種鏡頭才被稱為『標準』鏡頭)；如果是兩隻眼睛一起看, 那麼您所見的視野差不多是 18-70mm 鏡頭的 18mm 端 —— 這就是我們肉眼與生俱來的能力。

不過, 人的眼睛無法變焦, 無法將遠方的景物拉近, 更無法簡單地撥個開關, 就有能用超特寫的近拍距離、或是魚眼般的視野來看世界 —— 但照相機的鏡頭就可以。

在跨入攝影這行的前幾年, 我手邊只有一顆 50mm 鏡頭, 所以很快地就意識到, 我必須 "手動" 變焦 (靠自己的雙腳移動位置), 才能更貼近拍攝主體、讓主體填滿整個畫面；後來, 當我帶著才 2 歲大的表妹在後院裡玩 "躲貓貓" 時, 我學到了如何把身體姿勢壓低、改變視角, 用她的眼平高度拍出更為生動的照片；而當我從樓梯間 "爬上" 10 層樓高的停車場之後, 我就被從上而下俯瞰街道的新視野給深深吸引住了 —— 不久我便不斷爬到樹上, 以俯角方式拍攝風景。

至於說到我第一次拿起 50mm 鏡頭抬頭來看的情景, 依然是記憶猶新！當時我一整個早上都在偌大的白楊樹林裡, 拍攝散落在地面上的葉子, 後來我決定倘佯在地上休息一會兒, 並隨手拿起相機, 想瞧瞧從觀景窗中看出去的樹木與藍天是什麼模樣... 哇～ 於是我就學會了只要光圈開得愈大、對焦在愈近的主體上, 就能讓背景變成柔和、失焦的色塊 —— 當年的我並不知道, 這是有多麼寶貴的經驗啊！而這些學習的能力, 都肇因於我有一顆 50mm 鏡頭。

話說回來, 即使您有好幾顆鏡頭, 或是有一支 "可變焦距" 的變焦鏡頭, 但問題是, 您必須真正用它來學著如何去『看』 — 您必須用盡一切的可能性, 也唯有當您知道這支鏡頭該如何充分發揮它的能力、並成功地表達您想要的視野, 那麼, 您也就學會了如何去『看』。

當遇到一片美景時，許多攝影者常習慣拿起相機就直接 "啪嚓" 拍了起來，這種以攝影者眼平角度所拍出來的照片，雖然和觀看者所見的畫面相同，但也變得平淡、沒有張力。

所以，這裡的重點就是：該用什麼樣的構圖，才能表現出『參與者』(主體) 的視野呢？換言之，如果我想聆聽、想訴說鬱金香的 "語言"，那我就必須成為『鬱金香』！所以，請記得蹲下來，把身體低到可以 "聽到" 鬱金香的的地方，再開始拍照。

Nikkor 20mm 鏡頭，三腳架，ISO 100，光圈 f/22，快門速度 1/60 秒

練習 exercise

了解您的鏡頭

如今, 大部分的攝影人或多或少都會有一顆 "可變焦距" 的變焦鏡頭 (參見 **5-16** 頁), 如 18-70mm、17-40mm、24-105mm 等, 照理說, 有了這樣的鏡頭, 應該就能拍出一張又一張完美的作品才對。

現在, 如果您手邊有支變焦鏡頭, 那麼請先依據鏡頭的焦段範圍, 把焦距設在 17mm、或 18mm、或 24mm 等刻度上, 在接下來的練習當中, 都不要去改變這個焦距位置。

接著, 請找一個明顯的拍攝主體, 或是帶著您的另一半、子女、朋友到自家後院或社區公園附近, 然後找出一個適當的拍攝距離, 好讓主體位於畫面的正中央, 且框景的四周 (上、下、左、右) 都留有大片 "空白" —— 對好焦後拍下這第 1 張照片; 然後, 請朝主體方向往前走個約 5 步的距離, 再對焦一次並按下快門, 持續這樣的動作、直到主體無法清晰對焦為止。

這時, 您就會發現到：第 1 張照片中不僅僅只有主體, 還有許多可能會干擾視線的 "雜物"；至於最後一張則應該算是特寫照, 它不僅排除掉了前面說的 "雜物", 也刪掉了許多原本應該保留的影像細節。

現在, 請改變拍攝的『姿勢』：先蹲著重複拍一次, 然後趴著再拍一次, 最後, 當您趴著拍到和主體近得不能再近的時候, 請翻過身來, 拿起相機再仰拍一張 —— 當蹲下來拍照時, 您有可能會拍到小孩子更甜蜜燦爛的笑容；而趴著拍照時, 還有可能從您朋友雙腿所 "框" 出來的框景中, 發現到公園原來也有新奇的另一種構圖。

在此, 最重要的是：您已學會了在固定焦距 (17mm、18mm 或 24mm) 下, 運用不同的拍攝視角, 拍出更有創意的照片！最後, 請於 50mm、60mm、70mm、80mm、90mm 和 105mm 等焦段, 再各做一次相同的練習 (如果是定焦鏡頭, 一樣可做這樣的練習 —— 就像我一開始拿 50mm 鏡頭做練習一樣)。

如果您可以在 3 個月內每週做一次練習 (持續、不間斷), 那麼最終您所 "培養" 出來的視覺敏銳度, 大概只有不到 10% 的攝影師能做得到, 而它將讓您獲得各種回報！等下一次上攝影課時, 您就不再是那些老搞不清楚該用什麼鏡頭的學生之一；且一旦將鏡頭的視野融入您的心靈之眼, 那麼只要站在拍攝現場掃過一遍, 您就能立刻找出最精采的構圖畫面 —— 這時您甚至都還沒把相機拿到眼前來看呢！

我深信, 只要能了解每支鏡頭獨特的視野和不同的視角變化, 就能讓您擁有無限可能的創意旅程, 共勉之。

巴伐利亞州 (Bavaria, Wisconsin) 有許多湖泊, 也是眾多天鵝們溫暖的 "家", 而想要拍出天鵝家庭的畫面也很簡單, 只要您有準備足夠的德國麵包就可以了。

由於夕陽已快西沉, 所以我將相機架上三腳架, 並盡可能貼近到水面的高度, 接著我只要一邊扔撒麵包屑, 一邊用右手按下快門即可。

20-35mm F2.8 鏡頭, ISO 50, 光圈 f/16, 快門速度 1/250 秒

廣角鏡頭

廣角鏡頭除了有更廣、更全面的視角之外, 還具有近大遠小的透視感, 這種奇特的空間感和視野感受可當作 "導引", 再加上前景主體的運用, 就能讓觀看者感覺有如親臨現場般真實 —— 像著名攝影師安瑟・亞當斯 (Ansel Adams)、大衛・門格 (David Muench)、卡爾・克里夫頓 (Carr Clifton)、帕特・歐哈拉 (Pat O'Hara) 和約翰・蕭 (John Shaw) 等, 都是使用廣角鏡頭拍出許多充滿情感的敘事照片。

而且, 幾乎沒有例外的是, 他們的影像絕對都會包括一個有趣味的前景主題:像是用粗糙的樹幹框出遠方的農舍, 用一顆黝黑的圓石來襯托出翠綠的湖泊, 或是用草原上滿開的花海來映襯出遠處白雪靄靄的群峰。

像這樣的構圖總能喚起觀看者強烈的情感反應 —— 可能是嗅覺、觸覺、甚至是味覺;如果想拍出這類型的影像, 那麼您首先要做的, 就是讓自己置身其中 (如藏身於花叢中), 並改變您的視野和拍攝視角。

除了自願 "屈身" 於草叢之外, 也別忘了還有其他無數的景色可以去拍攝, 這時可發揮一點點的想像力, 並問自己一個很簡單的問題:透過以下這些視角所 "看到" 的世界會是什麼樣子呢?

- 藤蔓上的鮮草莓
- 遊樂場上一個破碎的兒童眼鏡
- 購物中心裡一只遺失的奶嘴
- 公路旁一隻死亡的燕子
- 棄置在溪邊的廢輪胎
- 耙子上遺留的楓紅葉
- 退潮後攀附在岩石上的海星

所以, 現在該去多找幾件破舊的衣服了, 因為您以後蹲著、跪著、趴著的時間可多著呢!

16mm 焦距

12mm 焦距

在拍照時, 一般人習慣上都是站定位、對焦, 然後便拍下我們眼前所看到的景物, 這樣拍其實也沒什麼不對, 但是這種 "旅遊照" 或 "紀錄照" 卻很少會成為令人驚豔的影像 —— 所以如果您想拍出會讓人 "哇~" 一聲的照片, 那麼改變 "正常"、"一般" 的取景角度, 就是您當前的首要課題。

像在這裡, 左上圖是一張 "正常" 的坦帕市 (Tampa) 市容照, 畫面中還包含了一個「ONE WAY」的單行指示符號；但如果換個角度來看 (如由下往上看), 並用一個更廣的焦段, 讓箭頭移到畫面的上方, 那麼整個感覺就可能大不相同了。

於是乎, 我透過相機進行取景, 並將指示標誌進行裁切, 讓它看起來就像漂浮在背景的藍天一樣；再一次地, 我運用廣角鏡頭和前景中的這個 "趣味" 點, 呈現出景物全新的張力和透視感 —— 另外, 您也可以從彎曲的指示牌、歪斜一側的棕櫚樹、和高聳的天際線, 看出這張是用廣角鏡頭所拍攝的。

兩張照片：ISO 200, 光圈 f/22, 快門速度 1/125 秒

很多人在拍攝廣角焦段時時, 都習慣後退幾步、好把更多的景物納入 —— 但從現在開始, 請試著養成『往前靠近』的習慣。

在這個游泳池中有許多景物, 第 1 張 (上圖) 是 "最普通" 的拍攝手法, 但我卻失去了利用前景色彩與形狀的機會；所以我只是往前靠近一點 (下圖), 結果我就得到了一張色彩更豐富、視覺更搶眼的影像。

兩張照片：20-35mm 鏡頭, 光圈 f/16, 快門速度 1/125 秒

廣角焦段 vs. 野生動物

17-35mm 鏡頭 (17mm 焦距)

有次我在科迪亞克島 (Kodiak Island, 又名翡翠島) 上攝影課時, 一位學生 (她和她丈夫) 邀請我去參加卡特邁國家公園 (Katmai National Park) 的「棕熊攝影」。當我們沿著河岸涉水而上, 就看到前方至少有 20 隻大棕熊, 此時我心中不禁忐忑萬分, 但隨即就醉心於地上被棕熊所獵捕的鮭魚, 並用 17-35mm 鏡頭的 17mm 端來拍照。

可是當一隻大型棕熊進入我框景範圍的上方時, 那時我還在自顧自地拍得很高興, 根本忘了在觀景窗中所看到的視野, 是 17mm 焦距的超廣角視角 —— 換言之, 這隻熊的距離其實比我想像中的還要近!

於是我緩慢地環顧四周, 還好我的隨身 "保全員" —— 戴夫, 人就在我右後方約 3 公尺處, 正拿著他的獵槍正視著這隻棕熊, 他對我點點頭, 並暗示我盡可能地停留在原地不要動; 過了一兩分鐘之後, 這隻熊終於緩緩地走回水中, 繼續捕魚去了~ 哇, 真的好險!

這是第一次、也是唯一的一次, 我竟為了貪圖在觀景窗裡取景, 而完全忽略了危險就近在眼前; 此外. 由於廣角鏡頭的視角使然, 這張照片的主體 (棕熊) 既小又遠, 應該可以有更好的拍攝結果 (如換上望遠鏡頭) —— 但幸運的是, 這個故事說到這, 已經有個開心的結局了: 棕熊可回去吃到更多的魚, 而我也拍到了一次還不賴的快門機會。

廣角的致勝秘訣：離主體愈近愈好！

當我要求學生們使用廣角變焦 (或定焦) 鏡頭時, 總是會聽到學生們發出一陣騷動, 他們總是說：「不知道該怎麼使用這支鏡頭」；不過, 當我建議他們拿廣角鏡頭去拍出一些很棒的特寫照時, 您不妨再想像一下他們吃驚的表情吧！但這並不是說, 那些拍出精彩特寫 (或近拍) 照片的攝影者, 都是用廣角鏡頭來拍的 —— 但難道真的不行嗎？只要您敢打賭, 我就會去拍出一張比近拍還棒、還更像 "近拍" 的廣角照片。

所有攝影者要先克服的最大障礙, 就是他們對廣角鏡頭的反感, 或更具體的說, 是對廣角視野的誤解！由於廣角給人的一般印象是：它會把每樣東西都變小、變遠, 所以您對於我把廣角鏡頭拿來拍特寫會感到驚訝, 這一點都不奇怪 —— 但請先聽我說完, 當您嘗試這麼做之後, 我相信您一定會用 "'廣角鏡頭多棒啊！" 這樣的全新角度來欣賞這個世界, 而現在, 您所需要的只是擁抱它、並開始去看, 真正地看出這顆鏡頭用於特寫或近拍上的巨大潛力。

這張照片拍攝於義大利威尼斯附近的一個布拉諾 (Burano) 小島上, 我當時在想：「如果透過當地一隻雄貓的眼睛, 會看到甚麼樣的世界呢？」為了解開這個答案, 就必需把相機降到與貓眼平行的高度 —— 換言之, 我只能趴著拍照了！

想到自己得蹲著、跪著、甚至趴著才能拍照, 難道不會猶疑、畏縮嗎？嗯... 如果身旁有 "觀眾" 的話當然會了！就像我在拍這張照片時, 離我身後大約 5 公尺

遠的地方，就有一對老夫婦正站在門廊前面看著我，他們肯定是注意到了這個手拿著相機的陌生人，而我的確覺得有點尷尬 —— 遇上這樣的情況，我只會問自己：「我該去拍下一張可能會吸引人的作品，還是只是有人在旁邊盯著看，就直接走開了？」當然，最後多半是選擇克服我的畏懼、尷尬、或害羞。

於是我用手肘撐起、並穩固相機，將焦段設為 17mm，光圈設為 f/16，並以鏡頭上的景深表尺測好對焦位置，最後只需調整快門速度直到顯示為正確曝光，然後就按下快門連拍了幾張。

雖然我不會說義大利文，但我敢肯定當時在我身後的人們，絕對都是在講他們眼前所見到的這位拿著相機、趴在地上拍貓的男人；不過，別在意別人眼中或口中的 "愚蠢" 字眼，因為那絕對不是阻止您創作出一幅好作品的理由。

Nikkor 17-35mm (17mm 焦距)，光圈 f/16，快門速度 1/60 秒

廣角鏡頭超越望遠 (或微距) 鏡頭的最大優勢之一, 就是能夠捕捉非常、非常廣的視角, 而仍然能對主題做出由近而遠的詮釋。憑藉著鏡頭製造商的能力, 廣角鏡頭最短的對焦距離可縮到只有 30、20、甚至 10 公分 —— 幾乎是在最靠近地表的地方來表現敘事的意象!

此外, 一個敘事構圖通常會以一個簡單的開場白 (主要的主題) 帶出其他的故事 (背景), 而廣角鏡頭可以表現更大的前景, 並拍出比用望遠鏡頭還多的景深, 當想要讓近拍主題有地方感 (如以森林為背景來襯托蘑菇) 的時候, 廣角鏡頭是值得考慮的。

拓展廣角鏡頭的視野並不如想像中的難, 您需要真正地了解**為什麼**廣角鏡頭會 "使每樣東西變小、變遠"。廣角鏡頭會造成這種結果的原因, 正是您應該用它來近拍攝影的理由 —— 廣角鏡頭**確實**會把現場的每樣東西都推進背景裡, 因為它期望您把某些極為重要的東西放在空出來的前景上, 而當您沒辦法強調**當下**的前景, 就會覺得廣角鏡不好用了。

請試著設想一下, 當您準備把客廳 "變身" 為舞會場地, 而每個人都會在客廳的地板上跳舞, 那麼您會先怎麼處理傢俱? 當然是把所有的傢俱通通推到牆角, 好讓客廳的地板 "最大化"。

一開始, 舞會場地只是一個空蕩蕩的空間, 但這也意味著一個事實: 還沒有人下場跳舞, 但隨著一對又一對的夫妻陸續來到現場, 整間客廳就變得熱鬧滾滾, 看起來就非常好玩。

請牢記這個舞會的例子, 並回頭想想該怎樣利用相同的技巧來使用這支廣角鏡頭 —— 廣角視野之所以會把所有的一切都往外推 (就如同您清空傢俱), 是為了能讓您在前景中填滿 "舞者"!

站在普羅旺斯 (Provence) 南部的瓦倫索平原 (Valensole Plain) 上, 許多人最典型的拍法就是拿起相機, 以眼平的角度拍下眼前的樹木和薰衣草花田。

然而, 您只需稍微蹲低一點, 就能讓廣角視野的優勢完全發揮出來! 前景的薰衣草喚醒了觀看者的嗅覺與觸覺, 而整個構圖也更為生動活潑、主題也更為明確許多 —— 最後在遠景納入了幾朵白雲, 好刻意突顯出廣角鏡頭深邃的景深和透視感。

兩張照片: 17-35mm 鏡頭 (20mm 焦距), 光圈 f/16, 快門速度 1/125 秒

變焦鏡頭

是不是真有所謂的『全能鏡頭』呢?這或許在定焦鏡頭上看不到, 但近來多款輕巧、高解像力的變焦鏡頭陸續推出, 說不定哪天真有所謂的『全能變焦鏡頭』呢!

這種鏡頭我常暱稱它是 "抓拍鏡頭", 意思就是當您想輕裝簡從、到街道上隨處走走時, 就可以帶著這顆鏡頭出門, 看看有沒有什麼是值得按下快門的。由於這種焦段的變焦鏡頭沒有像廣角鏡頭那麼誇張的視角, 也沒有像望遠鏡頭那麼強烈的壓縮效果, 所以稱之為 "抓拍", 簡單說, 就是記錄下『真實的生活』!

此外, 變焦鏡頭多半都還會提供近拍 (Macro) 或短距離對焦的能力, 而這也讓我得以拍到一些十足吸睛的畫面。多年來, 我一直被問到:「是否有哪支鏡頭是我絕不能沒有的」, 而我的答案也都一樣:儘管已入手了 Nikkor 17-55mm F2.8 新鏡, 但我還是鍾情於 Nikkor 35-70mm F2.8 —— 只要看看我過去 10 多年所拍攝的照片, 很顯然地, 用這支鏡頭所拍出來的就超過 3/4 以上的比例!

這或許讓您感到十分震驚, 因為攝影界常流行一句話:"技術可以輸人, 裝備絕不可以輸人", 而一些攝影者更相信, 如果想拍出真正的攝影作品, 就一定要砸下重金, 把各個焦段 (如大三元)、微距、定焦、超望遠等鏡頭都買齊了才行。

就如我最常聽到的 "意見", 他們都認為抓拍鏡頭的焦段實在『太侷限』了 —— 但我可不這麼認為!我是承認用 28mm 或 35mm 的焦距, 對於偶而想拍出廣闊視野的畫面可能會覺得 "不夠廣";我也同意當使用 70mm、80mm 或 105mm 焦距拍攝海邊的落日時, 是不太可能拍出在遠處船隻的後面、一顆火紅色的 "大圓球"。

但是, 這只不過是在我們周圍所有的拍攝機會當中, 占很小一部分的 2 個『特例』而已!我有一位在柯達公司上班的朋友曾告訴過我, 說許多人之所以會買數位相機, 是因為要拍下他們的家人、朋友、節日或慶典等生活記錄, 而我知道:再也沒有比變焦鏡頭更適合的選擇了!

在法國里昂的一處露天咖啡座裡，我的好友菲利普介紹他的朋友喬治給我認識 —— 他是一位充滿著熱情的雪茄吸菸者；由於我出外旅遊時，幾乎都只帶著相機和一顆 "抓拍鏡頭"，所以我先問一下喬治是否可讓我拍照，然後就手持相機拍下了這張照片。

拍攝環境肖像最好用的鏡頭就是可 "抓拍" 的變焦鏡頭，它能讓拍攝主體和周圍環境很自然地融合在一起，而不會有任何突兀的感覺。其中，我特別偏好 35mm 和 50mm 焦段，因為這兩個焦段即使靠近主體拍攝，也不會產生明顯的變形或失真，同時對於四周環境的描寫力也恰到好處。

Nikkor 35-70mm 鏡頭 (42mm 焦距)，ISO 200，光圈 f/5.6，快門速度 1/125 秒

有次我到烏克蘭 (Ukraine) 南部的某間鋼鐵廠進行拍攝任務時，在午休時間我詢問了一位清潔女工是否願意當個模特兒、拍個照 —— 她和工廠裡大部分的員工不同，因為她有個很燦爛的笑容，而這或許就是為何我會找她拍照的原因吧！

我手持相機，下意識地就將她框在這座工廠景觀的中間位置，在這樣一個荒涼、有點令人沮喪的環境中，她依然微笑著，這真是令人感佩啊！接著，我稍微走向前，並轉動變焦環 (到 70mm 焦距)，然後讓主體稍微偏離構圖中央後按下快門 —— 這就是變焦鏡頭最方便的地方。

兩張照片：35-70mm 鏡頭，光圈 f/11，快門速度 1/60 秒
最上圖：35mm 焦距 / 上圖：70mm 焦距

這張照片的前景是我的女兒蘇菲，而背景則是我的朋友葛雷格以一身警察的打扮，正 "逮捕" 我的另一位朋友菲利普。

於是我手持相機，並選擇一個略小一點的光圈，好增加一點 "微妙" 的景深 —— 不僅能確保蘇菲能落在合焦範圍內，也能讓背景傳遞出這個城市為了孩子們的安全，絕不向惡勢力低頭的決心。

35-70mm 鏡頭 (35mm 焦距)，ISO 100，光圈 f/8，快門速度 1/125 秒

望遠鏡頭

毋庸置疑的, 我們天生就希望能看得更遠、看得更近些。

像遠古時代的人類, 就一定希望在來得及逃命 (或獵殺) 之前, 就能看到山丘上的劍齒虎;到了望遠鏡發明之後, 瞭望台上的水手就能用它來避開海盜船;而近世紀發明的雙筒望遠鏡, 則讓我們可以在觀看足球賽時, 有如親身經歷般的緊張與刺激 —— 而**望遠鏡頭**就像 (雙筒) 望遠鏡一樣, 可以讓我們在安全的地方盡覽周圍世界的一舉一動。

只要有望遠鏡頭, 您可以站在岸邊觀看到隨季節迴游的鯨魚或海豚, 感受到牠們的存在與力量, 而不用跟著跳進海裡、跟在牠們身邊;也可以慢慢觀察鳥巢中的燕鷗和雛鳥, 而不必擔心會驚擾到牠們;還可以眺望遠方失火的建築物, 而完全不必擔心自己的人身安全 —— 即使一輩子都不可能到得了 (如月球上的隕石坑), 望遠鏡頭還是有辦法帶我們前往, 所以對許多攝影師而言, 這真是一支偉大的 "冒險" 鏡頭。

望遠鏡頭除了能將遠處的景物拍得很大之外, 另一個相當重要的特性就是視角極為狹小, 這對於剔除畫面中過於紛亂的旁枝細節, 是相當有幫助的, 也有助於 "突顯" 主體的存在感 —— 如果說廣角鏡頭是屬於一顆敘事鏡頭, 那麼望遠鏡頭就是句末的驚嘆號, 能在視線停留處展現最清晰的細節。

望遠鏡頭的焦段可從中望遠的 70mm 到巨大又沉重無比的 2000mm, 其中像 105mm、180mm、300mm 等望遠定焦鏡頭, 多半為追求品質與速度的專業攝影師所青睞, 但望遠變焦鏡頭 (如 70-200mm) 則更受到一般攝影人的喜愛。

如果只單靠拍攝主體和視點，並不一定就能拍出最好的攝影構圖，因為您還必須選對鏡頭。

在此的影像是德國巴發利亞邦境內的納捨王 (Nesselwang) 城，拿廣角鏡頭 (左圖) 和望遠鏡頭 (右圖) 所拍的畫面相比，左圖是張失敗的照片 —— 因為右邊這張較能讓觀賞者的目光聚焦在尖塔頂和遠方的山脈上。

拍攝時，我將相機和 Nikkor 300mm 鏡頭固定在三腳架上，並框取以阿爾卑斯山為背景的尖塔型建築；至於光圈則縮到 f/32，好讓畫面從前到後都能清楚展現。

左圖：35-70mm 鏡頭 (35mm 焦距)，光圈 f/16，快門速度 1/125 秒

右圖：300mm 鏡頭，光圈 f/32，快門速度 1/30 秒

超級望遠鏡頭

除了大部分常見的望遠鏡頭焦段之外，也有所謂的『超級望遠鏡頭』，其焦段範圍約從 500mm 到 2000mm，但這些鏡頭不僅少見，而且還非常非常地昂貴 (像 Canon 的 600mm F4 鏡頭，就大概要價新台幣 50 多萬)！這麼貴，還會有買家嗎？當然囉，這些鏡頭絕對都是有用途的 —— 但大部分都是給一些專拍體育或野生動物的專業 (重度玩家型) 攝影師。

如果您對於這些 "大砲" 鏡頭實在心癢難耐，建議您可以詢問相關的攝影器材出租店，只要每天 (或每周) 的租金價位合理，那可真是個千載難逢的好機會呢；接著做好拍攝的行程規劃，租用這樣的大鏡頭絕對讓您值回票價！

不信嗎？也許您就用這樣的鏡頭，在非洲的野生動物公園中 "獵捕" 到一兩張驚人之作，只要一張照片能賣個一、二十來萬，那麼租鏡頭的花費就通通回本了。

一日清晨, 我信步走在德國羅騰堡 (Rothenburg) 的街道上, 當我人接近一座噴泉時, 一隻落單的鴿子吸引了我的目光。我隨即將相機和 80-400mm 變焦鏡頭固定在單腳架上, 並利用 400mm 的望遠焦段把鴿子的形體從一大片的酒店窗戶中給 "拉" 了出來 (當時我距離鴿子約有 6 公尺遠)。除了用 400mm 的望遠焦段外, 我的光圈設在較大開口的 f/8, 這也有助於讓背景變成失焦的色調與形狀。

80-400mm 鏡頭 (400mm 焦距), 光圈 f/8, 快門速度 1/60 秒

再論望遠鏡頭

十幾年前, 要有一支望遠變焦鏡頭簡直就是 "癡人說夢" (立意雖好, 但技術上卻難達到攝影者所要求的銳利度和對比度), 但如今, 由於工業設計與技術的進步, 望遠變焦鏡頭已經成為專業 (或業餘) 攝影者的標準行頭了。

除了 DSLR 和可換鏡頭的無反光鏡相機外, 其他所有的數位相機都是配備一個固定可變焦段的鏡頭, 而難得的是, 許多相機的變焦範圍皆可從 (超) 望遠端到望遠端, 如此這般的設計是值得加以肯定的。

此外, 近來市場上最夯的 70-200mm 或 80-200mm 望遠鏡頭仍然持續熱銷, 不過也愈來愈多的攝影者會選擇體積更輕巧、焦段更長更遠的望遠鏡頭, 如 55-250mm、80-400mm、100-400mm 等;而有些鏡頭甚至會搭載 VR 或 IS 防手震功能, 讓您在手持拍攝時, 可提供降 3 ~ 4 級快門的防護能力 —— 像我之前也買了一支具有防手震功能的 80-400mm 望遠鏡頭, 它真的有用!不過我多年養成的老習慣還是改不過來 —— 大部分情況下, 我還是會架上腳架再來拍攝。

這是我的基本原則:不管在任何情況下, 都要使用三腳架, 特別是當快門速度低於鏡頭焦距的倒數時 —— 例如, 如果您使用的是望遠鏡頭的最望遠端 300mm, 那麼快門速度一旦低於 1/320 秒, 就一定要上腳架 (即使您是用 70-300mm 的 70mm 端, 此規則還是不會有所改變)!如果您沒有使用三腳架的習慣, 那麼也可以在當快門速度低於手持拍攝的安全值時, 利用單腳架來加以穩固、輔助。

總歸一句就是, 腳架除了可讓您獲得銳利的影像外, 也是學習構圖手法的重要工具。

面對一大片花海 (下圖) 時, 您可以有各種的拍攝手法去表現, 而其中最重要的, 就是利用望遠鏡頭 "帶出" (或稱為 "隔離") 您所想要突顯的主體；換言之, 如果您想讓背景可以模糊成一塊塊的色調與多彩的顏色, 那麼望遠鏡頭絕對是您最好的選擇。

右頁這張照片中, 我就是把鏡頭換成了望遠鏡頭, 然後找出一朵最具造型的花朵, 用長焦段使其從畫面中跳脫出來。

下圖：35-70mm 鏡頭 (50mm 焦距), 光圈 f/11, 快門速度 1/30 秒
右頁圖：75-300mm 鏡頭 (300mm 焦距), 光圈 f/5.6, 快門速度 1/125 秒

練習 exercise

用望遠鏡頭去看

望遠焦段有 2 個特色：一是景深較淺、清楚的範圍非常狹窄，二是會壓縮前後景之間的相對位置，從而給人一種 "擁擠" 的印象；現在，請嘗試以下這個用望遠變焦鏡頭的視覺練習，好幫助您學著透過這樣的鏡頭去『看』！這個練習就是：將模特兒 (主體) "框" 進畫面的中央 (同時背景最少距離主體 3 公尺以上)。

首先，如果您的鏡頭是 60-300mm，那就先把焦距設為 60mm；在框景時，模特兒的上下空間請全部『填滿』、不要留有 "天地" (也就是主體的頭在頂框位置，而腳在底框位置)，接著按下快門；接著，請把鏡頭變焦到 135mm，然後緩緩向後退、直到主體再次 "頂住" 框景的上下邊緣，再按下快門拍照。

有沒有注意到：當您用短焦段來框取人物時，畫面中的背景會比用長焦段取景來得清楚些，也就是説，用較長的焦距會讓景深變淺 (得到更模糊的背景) —— 這也可以説明為什麼有經驗的攝影者會把焦段設在望遠端，然後選擇性地自動對焦在如花朵、肖像等主體上。

如果您可以用中望遠焦段 (如剛剛的 135mm) 鏡頭拍出背景失焦的效果，那麼試想一下在 200mm、300mm、400mm 等焦距下，背景將會變得有多麼模糊呢？更有趣的是，當您和主體之間的距離愈近，背景就愈模糊，邊緣輪廓也愈不明顯！

所以在實拍過程中，如果背景是一面畫得亂七八糟的塗鴉牆，那麼只須讓主體站在距離牆壁約 3 ~ 4 公尺遠的地方，並把望遠變焦鏡頭的焦距設為 200mm 或 300mm，就能拍出一片五彩繽紛的背景圖案。

80-200mm 鏡頭 (200mm 焦距), 光圈 f/5.6, 快門速度 1/250 秒

80-200mm 鏡頭, 光圈 f/8, 快門速度 1/125 秒

當我在法國一個小村莊遇到這位老先生時, 如果直接就拿起相機對著人拍是非常不禮貌的, 但我知道現場這些鮮花一定可以變成一片美麗的背景。

左邊這幅影像雖然也算是張討喜的環境肖像, 但卻傳達不出老先生臉上的笑容和歲月痕跡。於是, 我先詢問他是否可站在花盆前方約 3 公尺遠的地方, 接著把相機架上三腳架, 將 80-200mm 鏡頭變焦到 200mm 的焦距, 並將光圈設為 f/5.6。這張照片 (如上圖) 結合了大光圈、長焦段、主體和背景之間適當的距離等特性, 所以呈現出柔美、和諧的淺景深 (失焦) 效果, 以及相當銳利的人物影像。

魚眼鏡頭

魚眼鏡頭可說是視角最廣的另類『廣角鏡頭』, 特別是對那些老想把一幅正常的畫面拍出強烈 "變形", 或是想把地平線 (或海平面) "彎曲" 的攝影者來說, 魚眼鏡頭可說是再適合不過了!

以全幅面 (Full-frame) 魚眼鏡頭來說, 最令人驚訝的, 是它的對焦距離非常短, 最近可貼近到只有約 10 公分左右; 此外, 在鏡頭和水平線的傾斜角度 (向上仰拍) 到達 30 ~ 45 度時, 整條水平線的彎曲幅度將達到最大。

在我看來, 這顆鏡頭能靠近和疏遠所拍攝的主體, 提供廣受大眾歡迎的 "全球視野", 同時整個畫面依然十足銳利; 唯一要注意的是, 由於魚眼鏡頭的視角非常地廣 (接近 180 度), 所以在拍攝前請確實從觀景窗中查看框景四周, 不然您可能會發現自己的腳或其他不想入鏡的東西, 就出現在畫面的下方或邊緣 —— 因為它真的實在太廣了!

在這個特別的下午, 佛羅里達州一處沼澤地有許多鸕鷀 (Cormorant) 出現在圍籬邊的柵欄上, 享受著難得的 "日光浴"。

由於我可以如此地接近牠們, 所以我趕緊就換上魚眼鏡頭, 這時上圖這張鳥就一直站在那兒、一動也不動, 讓我有充分的時間不斷地貼近牠, 直到拍到這張幾乎是 "異想天開" 的鳥照片。

為了強調魚眼鏡頭的特色, 我手持著相機, 光圈縮到 f/22, 然後盡可能地貼近主體 (約 10 公分左右), 然後快速地調整好快門速度並拍照。

魚眼鏡頭, 光圈 f/22, 快門速度 1/60 秒

魚眼鏡頭並不是我會拿來拍攝人像的 "正常" 行為，但當時我這麼做，是因為想要製造出更為寬闊的距離感。

那時，我在新加坡一間寺廟前花了幾個鐘頭，看著這位印度教祭司接受那天早上當地信眾們的祈求，他忙碌地穿梭在各個神像之間，為信眾的祈求放置獻品、並誦經念禱。

在他短暫的休息時間裡，我說明來意，而他則欣然同意我將他和盛滿獻品的銀盤一起拍入鏡 —— 經過幾番考量後，我決定以魚眼鏡頭拍攝，好傳達出印度教祭司和寺廟被 "力量" 所包圍著的氛圍。

Nikon D2X，魚眼鏡頭，三腳架，光圈 f/8，快門速度 1/100 秒

地球是圓的，所以用魚眼鏡頭來表達是最恰當不過了，特別是當您吊掛在直升機的起落橇上！當然，您也可以分別拍攝、並比較直線和曲線海平面的效果差異 —— 但在上圖中，這幅影像看起來就像是美國太空總署 (NASA) 從外太空所拍攝的地球照；而在右頁中，則是利用魚眼鏡頭來試圖拍出蚱蜢眼中所看到的世界。

我說實在的，即使擁有超過 30 年的拍攝經驗，到現在我仍然沒有充分發揮出用魚眼鏡頭拍照的真魅力。

上圖：14mm 魚眼鏡頭，光圈 f/8，快門速度 1/500 秒
右頁圖：魚眼鏡頭，ISO 100，光圈 f/22，快門速度 1/60 秒

仰拍

當您拍膩了、趴膩了, 那何不考慮用『仰拍』的方式？

只要您選擇主體得當, 就能引領觀看者進入影像的世界中, 請嘗試著從各個主體的角度來觀看它們 (或它們) 的視野 —— 無論是市容、工業環境、人們、自然還是風景。

當我在路旁水溝邊看到這些罌粟花時，我用了一個 300mm 焦距的鏡頭和一個接寫環，並以花朵的高度試圖拍出 "隔離" 的效果，但不管怎麼試，總是拍不出一個比較 "乾淨" 的構圖畫面。

直到後來我換了一顆 17-35mm 的鏡頭，並以仰角方式拍攝，才得到我所想要的既乾淨、又生氣盎然的影像 —— 最後我躺下來拍，也終於用 17mm 的焦段拍出這 3 朵在湛藍天空迎風擺盪的罌粟花。

17-35mm 鏡頭 (17mm 焦距)，光圈 f/16，快門速度 1/125 秒

這張拍於芝加哥市中心的照片，是由 7 張從 -3EV ~ +3EV 不同曝光值所組合而成的 HDR 高動態範圍影像；當回到家之後，再透過電腦的相關軟體 "組成" 您現在所看到的最終成品。

12-24mm 鏡頭 (14mm 焦距)，ISO 200，光圈 f/11，快門速度：1/8 秒，1/15 秒，1/30 秒，1/60 秒，1/125 秒，1/250 秒，1/500 秒

俯拍

以俯瞰的角度拍攝，可說是我最喜歡的攝影手法之一，無論是從 10 層樓高的酒店屋頂上，或是直接爬上梯子。

舉例來說，除了這裡的範例之外，像 **6-5** 頁的肖像照，我是爬上階梯來拍這位主角，並帶到他所建造的船體內部；至於 **6-9** 頁那張慢速快門的影像，我可是爬了好幾層樓梯，到我住的公寓樓頂才拍到的。

還有，那張我請求鄰居一個兒子替我做個跳入泳池中的動作 (**6-34** 頁)，則是從約 3.5 公尺高的長梯上往下拍的。

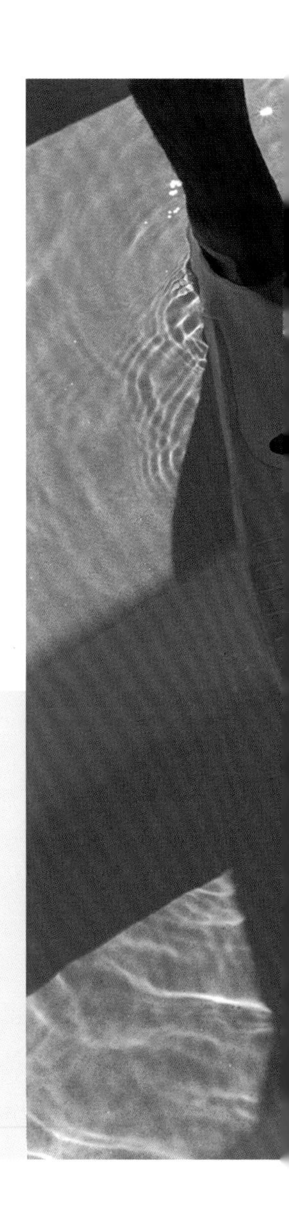

拍出乾淨、簡潔、又富有圖案及色彩的構圖，一直是我不斷努力的目標。

由於過去有許多次俯拍的經驗，我知道如果要利用一顆氣球和蛙鞋，組成一幅既簡潔、又富有圖形效果的構圖，就必須從高角度往下俯拍才行 —— 所以我站在池邊一個高約 3.5 公尺的長梯上，並請穿著蛙鞋的模特兒往泳池跨進一步，最後由我的攝影助理將球漂浮到指定的位置上。

一切 "佈置" 妥當之後，我就等待水面變得靜止時，手持相機拍下了這張照片。

Nikkor 35-70mm 鏡頭 (70mm 焦距)，光圈 f/11，快門速度 1/125 秒

捨棄地平線

如果所有的戶外主題都有地平線在內, 那麼就比較容易拍出成功的構圖畫面, 但是, 我們每個人都要不斷嘗試新的拍攝題材, 甚至超越以往的風景照;那麼, 即使現場的景物中找不到地平線, 還是要學著創造出完美的構圖。

當我們由上往下俯拍時, 其實非常容易將地平線從我們的框景中 "消除" 掉, 因為一旦出現天空, 就等於讓視線得以 "跑出" 畫面之外, 換言之, 這將大幅削減構圖的張力。

對於某些人來說, 如果不用三分法則來拍照, 就等於像是矇著眼睛在開車一樣, 不過這問題其實很容易解決:您可以用 2 小張透明的塑膠片壓在一起, 然後在上面畫出水平與垂直各 2 條的等距平行線, 就成了具有三分法則的網格。

接著, 您就可以用它來檢視任何拍攝的照片, 並找出最協調的構圖畫面, 在經過幾個月之後, 即使現場看不到地平線, 我相信您也不再需要透明網格卡的輔助了!

補充 部分相機已可在 LCD 或觀景窗內直接顯示網格, 您不妨多加利用。

左邊這張照片中有天空在裡面, 但卻也把觀看者的視線 "引出" 畫面, 為了排除天空, 就勢必得爬高一點, 才能從高處往下俯拍。

於是我站在一個梯子上面 —— 而我太太也站在一個矮梯子上, 這樣才能讓人 "浮出" 在花海上, 並排除掉了天空 (如下圖)；這樣一來, 觀看者的視線就會被 "框住" 在影像所設定的邊界內, 也不會從主體身上跑走。

35-70mm 鏡頭, 光圈 f/16, 快門速度 1/125 秒

站在一個巨大的儲煤槽頂端往下望，這輛孤單履帶車推起成堆煤礦的景象吸引了我；畫面中的黑煤對於中央重點測光或矩陣 (平均) 測光都會是個難題。

因此，我先把測光模式設為點測光，用 80-200mm 鏡頭的 200mm 端，對準履帶車測光，在光圈 f/11 的前提下，我得到 1/60 秒的快門速度；然後，我將鏡頭拉回至 80mm 端，帶進廣大的煤田並且拍了幾張 —— 當我這樣做時，相機的測光錶不斷地警示我 (希望我用 1/15 秒拍攝)，但我不理它，也確保了黑色的煤炭不會被拍成灰色的。

80-200mm 鏡頭 (80mm 焦距)，光圈 f/11，快門速度 1/60 秒

假如...？

一旦您可以從鏡頭中看到您所發現到的，別懷疑，接下來您將會不斷地問自己：「假如...？」

假如您對焦在一本掉落於人行道上的護照，能否帶出背景中一位坐上計程車的商人身影？假如您對焦在關著門窗卻碎裂的玻璃上，能否帶出背景中一位手裡拿著球套、神情默然的小男孩？假如您對焦在一隻手的某處，能否帶出塞在高速公路上一位遊子的大拇指？假如您對焦在一個小巷裡用過的注射針頭？假如...？

當面對一拍再拍的舊題材, 如果可從高處往下俯拍, 往往就能發現新樂趣, 並拍出令人激賞的構圖 —— 大部分情況下, 俯拍通常會用廣角或 "標準" 焦段的鏡頭, 而很少用到望遠鏡頭 (除非在摩天大樓屋頂或直升機上)。不過那天我很想打破常規, 於是便以望遠鏡頭從家中二樓的窗口, 往下俯拍我的朋友法伊斯。由於望遠鏡頭特有的壓縮效果, 所以身高 188 公分高的他看起來就好像 "縮水" 了！

80-200mm 鏡頭 (160mm 焦距), 光圈 f/8, 快門速度 1/125 秒

尋找攝影主題

一旦沒了拍攝主題，部分攝影者就會覺得自己就像是桌子上被打翻的牛奶玻璃杯，整天只是漫無目的、亂槍打鳥般的 "拍、拍、拍"，也不清楚自己的照片到底不好在哪裡 —— 於是感到既恐慌又沮喪。

如果內心中有既定的拍攝主題，就能將所想的、和所見的，融合成創作影像的過程，這對許多攝影者而言，有個『成功』的主題已經成為他們的首要課題了。

其實主題可以很簡單！比方一段時間就去拍個花，或是找個更有挑戰性的 —— 只拍紅色頭髮的人。就像著名的街頭攝影師梅爾若維茲 (Joel Meyerowitz) 說的：「簡單來說，所謂 "主題"，就是給自己一個理由起床，把頭伸出門去、或是拍拍門 —— 如果門就是你的主題的話。」

105mm 鏡頭，ISO 100，光圈 f/8，快門速度 1/250 秒

80-200mm 鏡頭 (200mm 焦距), 光圈 f/8, 快門速度 1/60 秒

17-55mm 鏡頭 (55mm 焦距), 光圈 f/8, 快門速度 1/160 秒

105mm 鏡頭, ISO 100, 光圈 f/16, 快門速度 1/250 秒, 1600W 棚閃

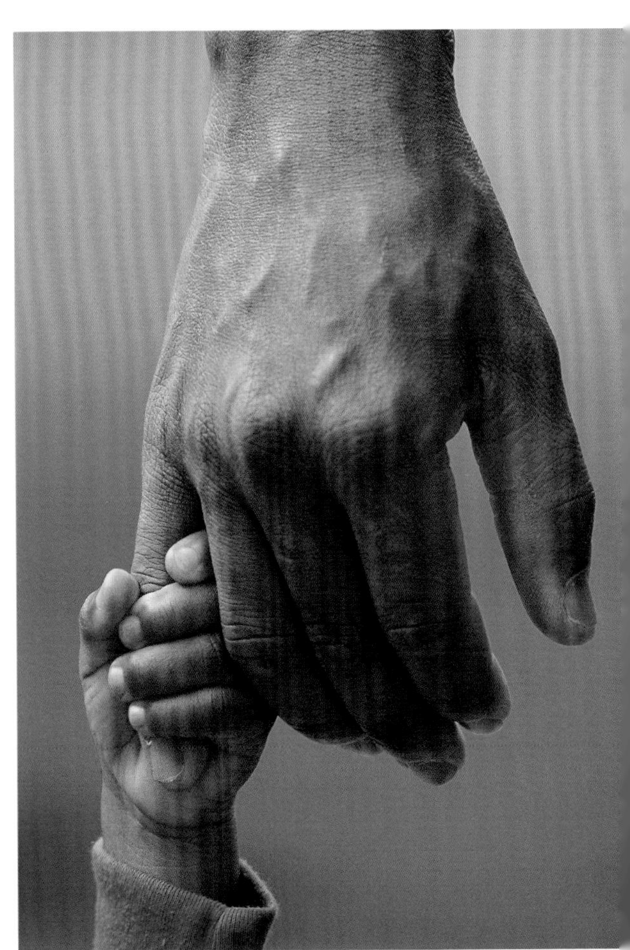

300mm 鏡頭, 光圈 f/5.6, 快門速度 1/250 秒

35-70mm 鏡頭（70mm 焦距），ISO 100，光圈 f/5.6，快門速度 1/160 秒

拍出攝動人心的影像

那些最吸引人目光的照片，通常都是用最簡單的構圖，去拍出最習以為常的主體！這些作品之所以令人讚賞，在於它們的畫面中只有一個主題或欲呈現的意念，而沒有其他讓會人分心的雜亂景物。但如今，許多"玩"攝影的朋友們所拍出來的照片，都太過草率了 —— 不是畫面中有過多的主體，要不就是缺乏一個可停留的視點，這都會讓觀賞者看得一頭霧水、眼花撩亂，只好趕緊換一幅可滿足視覺饗宴的影像了。

換言之，一張照片的成敗，關鍵就在於 "佈局"，如線條、形狀、形體、質感、圖案、色彩等，這些又稱之為『設計元素』—— 每一張照片無論是什麼主題、不論拍得好與壞，至少都會包含一項設計元素在內，特別是像線條、質感、和色彩，這些全都具有極大的象徵性意義。

其實，在您的記憶和生活經驗裡，都會影響您對不同的視覺元素有不同的敏銳度，而這終將影響您會如何把它們運用在每一次的創作當中。

線條

在 6 種主要的設計元素 (線條、形狀、形體、質感、圖案、色彩) 中, **線條**是居於最重要的地位!沒錯, 因為沒有線、就沒有面, 也就不會有形狀;沒有了形狀, 就不會有形體 —— 沒有形狀和形體, 就談不上什麼質感, 而沒有了線條和形狀, 也就不會有圖案了。

線條可長可短、可粗可細, 它可引導您進入或遠離畫面, 或讓您感覺到是陽剛的、積極的、舒緩的、或是有威脅性的, 換言之, 線條所蘊含的情感是絕不容小覷的!就像**細線條**, 對某些人來說可能會覺得病懨懨的、或是極不穩定的, 但其他人可能會認為是性感的、可愛的、或是脆弱的;又如**粗線條**, 對一些人來說可能會覺得穩定、可靠, 但另一票人或許會以為是病態的、或嚴厲的。

在自然界裡, 放眼望去所見到的線條大多以**曲線**為主, 如風 (吹拂的痕跡)、河流、海浪、沙丘、丘陵等, 而大部分人對曲線的印象則多半是柔軟、寧靜、或放鬆的。此外, **直線**和**鋸齒線** (最明顯的就是山脈) 也是大自然中常見的線條之一, 直線它曾描繪了許多的歷史, 如戰爭時的箭、矛、刀、劍等;而鋸齒線則往往被視為尖銳的、危險的、強勢的、混亂的、或是具有威脅性的 —— 我想那些常出入股市的投資者, 一定知道如遇到上沖下洗般的 "鋸齒線" 走勢, 那將是多混亂的災難啊!

所以, 當您能意識與那些和線條有關的微妙情感, 就代表您有能力去掌握照片中的情緒及視覺上的衝擊力。

有次，當我在法國鄉下爬到一個小山丘上之後，看到山下有一片令我為之振奮的畫面：一棵獨落於薰衣草田裡的樹木。但請注意到上面這張照片，像這樣的影像在網路上可說是滿坑滿谷，但它卻沒利用到任何一個『設計元素』——雖然這絕對是張 "好" 照片，但仍缺少強而有力的構圖！

於是，我決定改以線條當作主軸！我將相機調整成直幅拍攝，著重於線條的表現上，讓薰衣草和樹幹呈現出更具活力的構圖組成——當然了，綠色的樹葉對上紫色的薰衣草，也不會有任何突兀或衝突的地方 (參見 **6-28** 頁)。

兩張照片：Nikkor 80-400mm 鏡頭，ISO 100，光圈 f/16，快門速度 1/125 秒

雖然大自然中充滿了 S 曲線, 但在鄉間的馬路和人工小徑等也同樣隨處可見。上面這張是拍於德國巴伐利亞的一處牧場, 可能考慮到地勢相當平緩, 當地人很有 "構圖先見之明" 地將這條道路做成一個 S 彎路 —— 不然這附近並沒有岩塊或樹木 "擋道", 大可直接『截彎取直』穿過這片牧場。所以, 當我從車後照鏡看到這景象, 就忍不住停下車來拍照：我把相機固定在三腳架上, 用 f/32 小光圈來獲得最大的景深, 然後簡單地將快門速度設為 1/30 秒即可。

Nikkor 300mm 鏡頭, 光圈 f/32, 快門速度 1/30 秒

這位年長者在巴基斯坦的一家船艇工廠工作已有 40 多年, 他的手藝也已達到大師級的水準；在一整天的忙碌當中, 他最後同意給我幾分鐘的時間, 讓我拍下這張照片。當我拿起相機取景時, 我發現如果將一艘船體內側的骨架當作背景來與之搭配, 那麼整個畫面將有趣得多；略呈弧狀的船體龍骨將帶出一個強大的圖形元素 —— 線條, 這不僅增加了視覺上的趣味點, 更 "平衡" 了原先整個重心 (主體) 過於偏右的問題。

注意：這裡的元素 (線條) 並沒有強走主題的焦點！由於我用了一個較大的光圈值 (f/4), 所以背景會因為失焦而稍有模糊, 也減少了它在整幅影像的 "視覺重量"。

Nikon D2X, 17-55mm 鏡頭 (30mm 焦距), 光圈 f/4, 快門速度 1/500 秒

#1
#2
#3

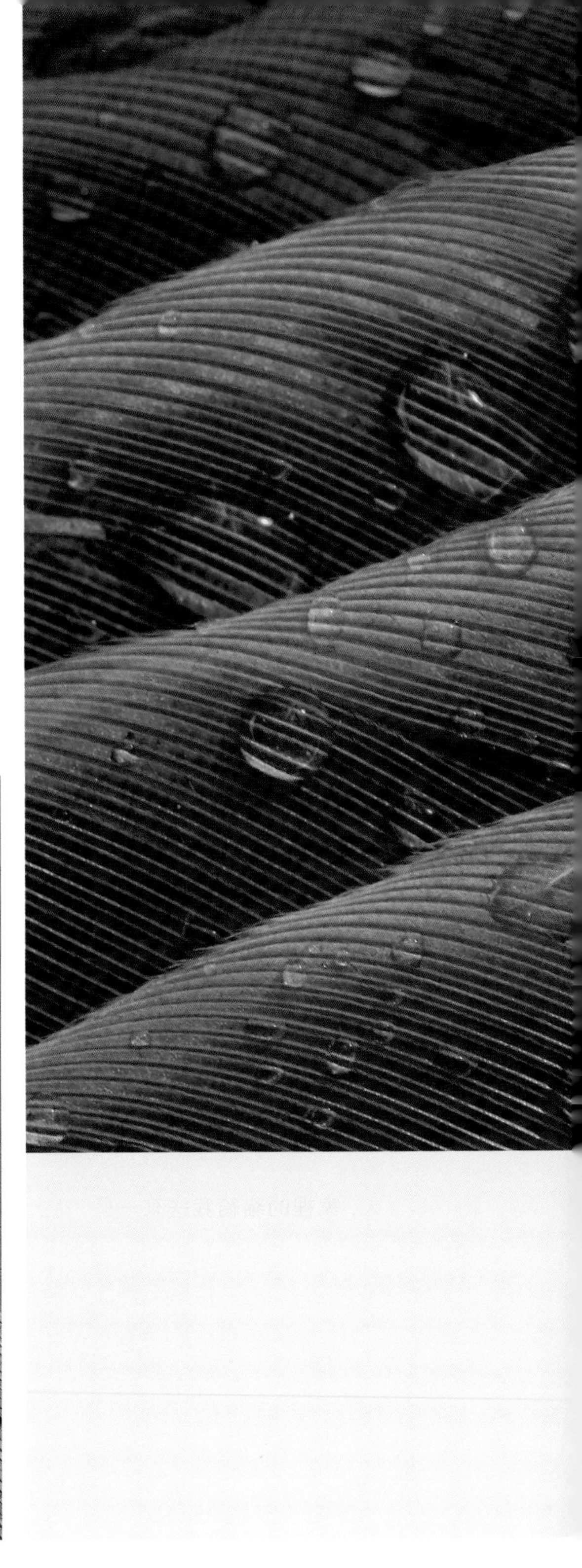

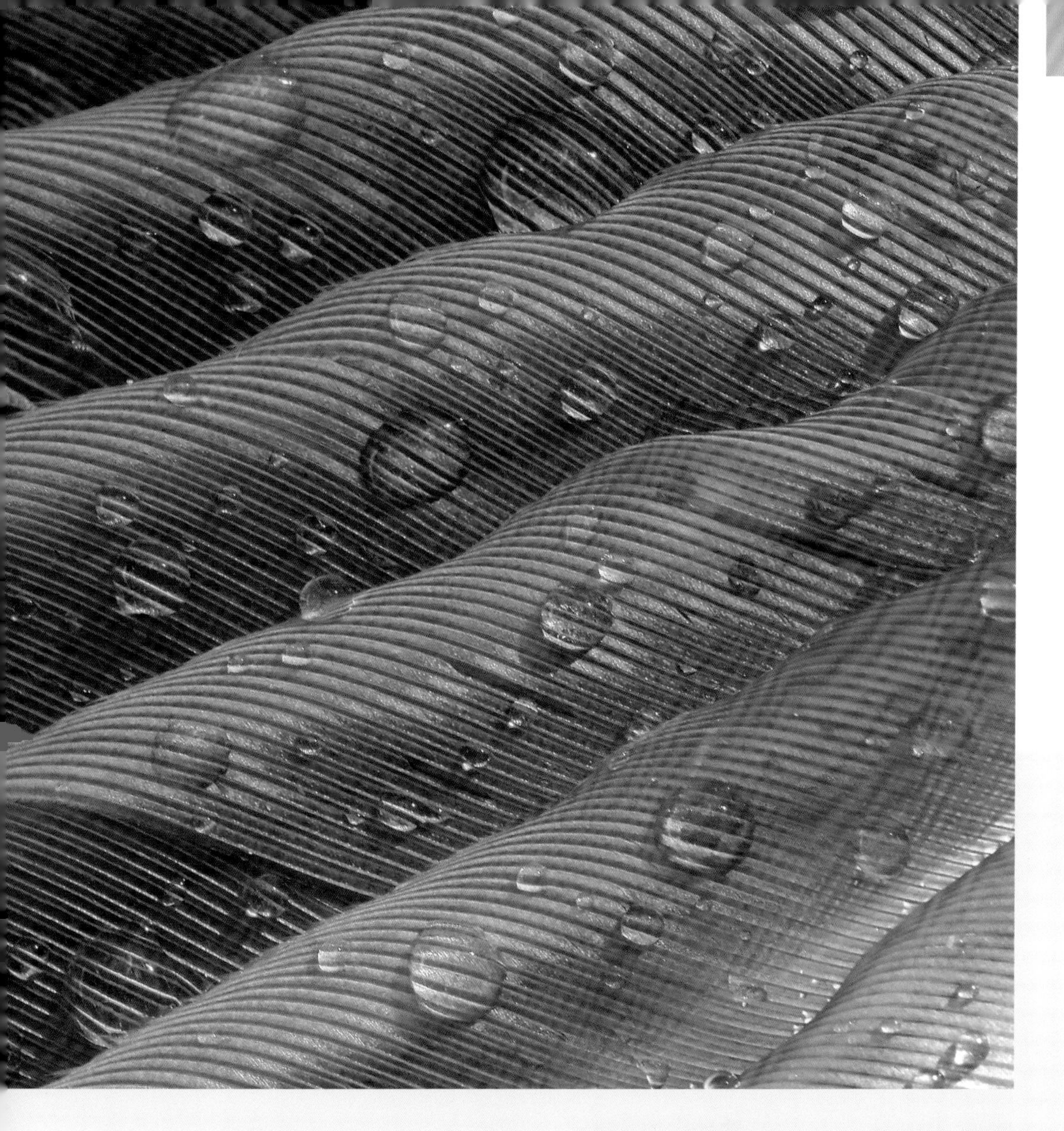

某一年夏天，家裡的貓給我送來一個 "禮物" (內人總這樣稱呼這次事件)：牠殺了一隻紅雀鳥 (Cardinal, 又稱主紅雀)！沒多久，我從這隻鳥的身上拔下幾根羽毛，然後便沉浸在鳥類攝影的『藝術』裡 (#1)。

我在羽毛上噴上一些水，讓它看起來像是清晨的朝露，但接下來發生的事情其實只是湊巧遇上，而不在我原本的計畫當中 (套句話叫做 "好狗運") —— 當我把藍色的噴水瓶放在一旁的地上 (#2)，傍晚的斜光剛好照了進來，也讓羽毛表面上出現了藍色的光芒。

這個額外加入的 "元素" 實在太令人驚喜了，於是我刻意將羽毛以對角線構圖的方式擺放 (#3)，拍攝出比原先畫面更生動的影像。

Micro-Nikkor 200mm 鏡頭，ISO 200，光圈 f/16，快門速度 1/160 秒

斜線的力量

線條可喚起我們的情緒反應，特別是在斜線 (或對角線) 的時候更是如此！它代表了強韌、果敢；對自行車騎士來說，朝上的斜線代表著即將面對上坡的挑戰，而往下的斜線則意味著下坡時的速度快感。

斜線是動態的、活躍的、有速度感的，它能在原本死氣沉沉的影像中、注入生命力的律動 —— 有時候，部分攝影人會開啟相機上的對角輔助線，來幫助他進行構圖；但其實更多時候，只要您願意用心『看』，就能發現許多渾然天成的斜線畫面。

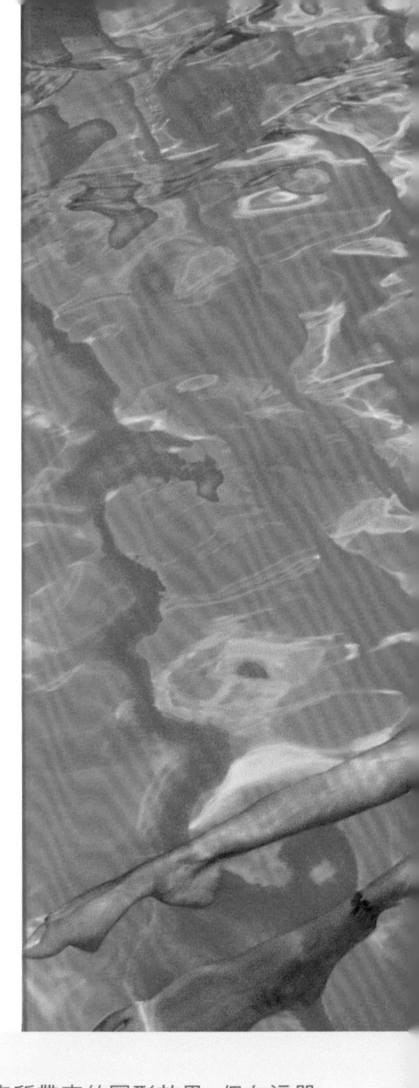

右頁這 2 張照片中的線條，都是我刻意改變取景的角度，以斜線來表現出畫面中的緊迫感、動作感、和速度感。以在泳池畔的照片來說，由於一定程度上為了去強調影像的立體感和色彩，所以不得不 "裁減" 到人物的頭部 —— 此外，對角線的構圖手法也引領著觀看者的視線。

另一張照片則是拍攝於里昂的一個下雪天，當時我人跨坐在陽台上，將三腳架上的相機對準在公寓之前的十字路口；不同於以往用垂直 / 水平線的方式取景，我微調相機位置，使畫面中的線條變成有角度的斜線。

雖然我喜歡線條所帶來的圖形效果，但在這單調的景色當中，還是需要有一個可 "吸睛" 的色彩 —— 不過我卻發現，在這寒冷的早晨裡，似乎都只有白色、黑色、或灰色的車子，卻沒有紅色的車子，於是我決心跟它 "賭" 了，非要等到紅色的車子為止。

終於，我等到了！由於之前就已經構好了圖、設好了曝光，於是我用『陷阱對焦』 (預先對焦) 法，精準地拍到這張通過現場的紅色車子。

右頁上圖：Nikkor 35-70mm 鏡頭，光圈 f/11，快門速度 1/250 秒

右頁下圖：Nikkor 17-55mm 鏡頭，光圈 f/11，快門速度 1/15 秒

形狀

比起形體、質感、圖案等元素，**形狀**可說是最基本的 —— 也是辨識主體的主要元素。

比方說，您可能會認為自己聞到了玫瑰花的香味，但除非您真看到了玫瑰，否則就很難說的那麼肯定；或者，您可能在收音機裡聽到一個性感的嗓音，但除非您真的看見這個說話的人，否則又怎知他 (她) 是不是真的性感呢？

從開天闢地以來，人類就懂得 (也是本能) 透過形狀來分辨物體，這種能力具備與否，則會讓人感到心安或焦慮。

像史前時代的山頂洞人，如果他們無法辨別出地平線上的野獸身影，很可能會手拿著 "繩索" 就直接走入猛瑪象 (Mammuthus) 群中，而不是握著他的矛！又如二戰期間，如果敵我雙方的士兵們沒有戴著不同樣式的頭盔，他們很可能會誤殺 (或被殺) 自己的同袍；而現在，當您看到自家車的身影映入眼簾時，原本懸在半空中的心也會放鬆下來，因為您女兒已經平安到家了 —— 即使她逾時晚歸。

許多恐怖電影正是利用了這點，以看不見的形體 (或生物) 當作故事腳本，來引發我們的疑慮和恐懼 —— 愈是看不見，所能達到的效果就愈好。事實上，正因為沒有人能真的看到，所以想像力便可天馬行空地發揮作用；而觀眾之所以想要確認這個 "東西" 的真面目，是因為一旦看到它的形狀，所有的焦慮、害怕也就會一掃而空了。

在拍攝以形狀為主的照片時，請記住以下 2 點：第一，當光源方向是順光或逆光時，主體的形狀會最清楚，第二，形狀本身和它的周圍最好有強烈的反差或對比。比如，當您想拍出剪影效果，那麼日出前後和日落之前，就是最好的時間點 —— 此時形體和質感都會消失，只留下鮮明的輪廓和邊緣。

補充 由於輪廓是最純粹的形狀，也難怪它至今仍是攝影中最常見的『形狀』。

每到了禮拜六, 您總可以 (且毫無例外的) 看到在法國里昂歌劇院外, 孩子們正沿著又寬又長的人行道在滑直排輪；此時, 早晨的陽光穿過拱形門廊照了進來, 在花崗岩鋪設的人行道上留下了孩子們長長的身影。

此外, 陽光還穿透了低掛在拱門口的紅色路燈, 並在走道上投射出一個美妙的紅色燈影；於是我趕緊將這 2 種 (形狀和色彩) 強而有力的設計元素納入構圖, 並拍出如上圖這張搶眼醒目的照片。

Nikkor 17-55mm 鏡頭, ISO 100, 光圈 f/8, 快門速度 1/500 秒

由於是在逆光下，這幅影像於是由最簡單的『形狀』所組成，透過剪影線條的呈現，我們得以知道在太陽的左右兩旁各有一棵樹 —— 如果不是剛好遇上有霧的日出天氣，我料想這大概是我一輩子都不會去注意到的景色。

Nikkor 105mm 鏡頭，ISO 50，光圈 f/16，快門速度 1/250 秒

圓形的力量

圓圈是到目前為止最強烈的形狀，它不僅可以象徵太陽、月亮、地球或行星，更能代表完整、圓滿、團圓、幸福、溫暖等感受；一個圓通常能提供在構圖上一個強大的力量中心，而太陽就是所有的 "圓" 當中，力量最強大的主體。

在布拉格的一場 26 公里馬拉松賽跑，我發現自己位於比賽的起跑點之前；而在比賽開始之前，我注意到在藍色地毯上有許多了陰影灑落其上，我知道這將是個很好的拍攝機會 —— 一旦比賽槍響，運動員的腳和腿將會通過我所取景的畫面上方，所以我沒有時間慢慢準備或估量著該怎麼拍。

還好非常幸運地，參賽者真的都有照我 "預料" 的入鏡，同時透過畫面中的形狀和線條，也造就了這張特別的抓拍鏡頭。

12-24mm 鏡頭，ISO 200，光圈 f/11，快門速度 1/500 秒

形體

基本上, **形體**是屬於三維 (立體) 空間, 而形狀只有二維 (平面) 空間, 形體可讓我們確認一個物體的深度 (厚度), 並且真實地存在這個世界中。由於形體必需仰賴光線、和其所產生的陰影來加以呈現, 所以最好能在晴空下以側向光源來拍攝形體, 如此便能利用明暗反差之間的對比, 來呈現出形體的每一面形狀。

圓形、正方形、長方形、三角形等, 都能引發我們不同的情感反應, 當這些形狀以『形體』方式呈現, 所蘊含的情感也就更為強烈。

例如, 逆光下的圓形代表了完整、圓滿, 但在側光下的圓形 (形體), 如曲面般的明暗形狀反而有點感性的意味, 甚至想到人的形體; 至於正方形、長方形、三角形等所演繹的三維形體, 則多半彰顯出我們的各種人造建築物或世界。

風景攝影師都知道形體和形狀的重要性，這兩者往往是一幅風景照是成是敗的重點所在！

在這兩頁的系列照中，我手持相機，先從一堆乾草捆堆的麥田邊緣開始，選擇以側光的視點和構圖手法，來強調出現場氣象萬千的天空；拍好第 1 張照片後，我走近一點再拍一張；然後我繼續往前靠近，直到乾草捆幾乎填滿了框景的下半部 —— 在這裡的每一張照片，形體和形狀是構成畫面的主要元素。

全部照片：17-35mm 鏡頭，光圈 f/16，快門速度 1/125 秒

質感

也許沒有哪一個設計元素, 能比**質感**更能散發出深厚的情感。即使您只是看到有人從自行車上摔了下來, 但當看到這個人在礫石子路上滑行, 您還是會渾身打個冷顫。

在我們的日常用語中, 我們會用質感 (或紋理、質地) 來形容所有的東西：爛透的一天, 柔軟的觸感, 敏銳的頭腦, 沉悶的電影, 棘手的爛攤子等；又如一個女人柔美的聲音, 可能會讓人想到到敏感或脆弱的感情, 而一個男人沙啞的聲音, 卻可能讓人覺得恐懼或侵略感；一個冷血的老闆很少能贏得員工的好感, 而有親和力的老闆則恰好相反... 這些都只是用來形容質感的幾個例子而已。

即便我們會用質感來描述生活中的所有事件, 但在攝影上卻不那麼容易！和線條或形狀不同的是, 質感並不會 "喊" 到讓每個人都看見, 它也是所有設計元素中最常 "隱身" 的 —— 如果您想在畫面中讓質感 "現形", 那麼就得取決於一個關鍵因素：光線。

一張成功的『質感』影像 (非線條、形狀、圖案、或色彩) 必需以低角度的側向光源來捕獲, 換言之, 您得在有陽光的清晨或傍晚時分去找尋質感；此外, 雖然某些充滿紋理細節的主體 (如側光下的樹幹) 不難發現, 但其他的則需要更仔細地觀察 —— 這時微距鏡頭將可大大地發揮所長。

一旦您開始拍攝質感, 或許會發現可以利用它來拍出更令人讚嘆的風景照片, 如當作一幅壯闊風景照的前景元素, 就能透過質感來喚起觀看者激昂的情緒, 誘發他們的五感。

某天早上我一覺醒來時, 發現屋內這面窗戶上竟然結滿了霜, 原來是昨晚暖氣突然壞了, 溫度在一夜之間降到了個位數。

我常說：「如果上天給你一顆檸檬, 就做杯檸檬汁吧」 (人生際遇, 處之泰然), 所以當下我趕緊拿出攝影器材, 拍下這張神奇的冰霜質感。我把相機架上三腳架, 調整高度讓焦平面和窗面平行, 接著設定光圈為 f/11, 再調整快門速度到 1/30 秒。

Micro-Nikkor 105mm 鏡頭, 光圈 f/11, 快門速度 1/30 秒

在日出之後, 我沿著茂宜島南岸的馬肯納 (Makenna) 海灘走著, 最後走到一處只有我一個人的 "海灘", 然後用了約 15 分鐘左右看著潮來潮往, 最後發現大約 5 波海浪中, 就會有一波大浪襲來, 我也因為這波大浪而激起了拍攝的興趣, 因為它是唯一能 "真正" 打上岸邊的海浪。所以, 我整個人趴在沙灘上, 用手肘固定住相機, 等到第 5 波最大的浪席捲而來時便按下快門 —— 這張照片的一大部分都充滿著沙灘和上一波殘浪的質感和紋理, 所以如果您會覺得您彷彿就置身在沙灘上, 那其實一點都不奇怪！

17-35mm 鏡頭 (17mm 焦距), 光圈 f/22, 快門速度 1/125 秒

以質感做為畫面中的背景，就可引發強烈的情感反應，並提供訊息給觀看者：我想大概不會有人會認為這個交通標誌是位於鄉下，因為從背景的人造質感來推測，這個標誌若不在工業區、也在這附近。

35-70mm 鏡頭，光圈 f/8，快門速度 1/125 秒

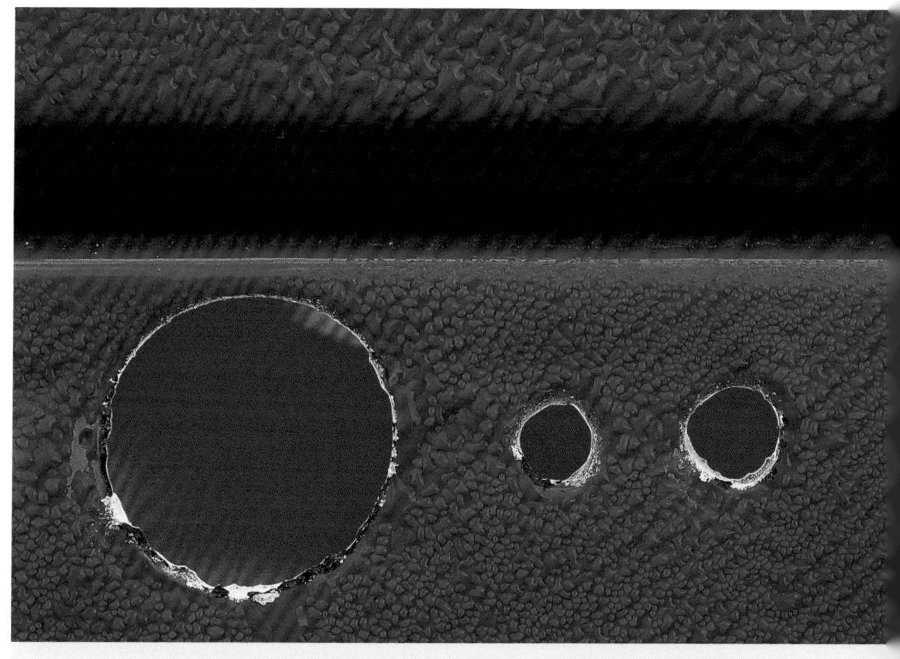

藍色塗漆的金屬條上有好幾個被鑿出來的洞孔, 但在一台紅色轎車為背景的情況下, 整個畫面充滿了色彩感。此外, 清晨的濃霧在金屬條上凝結成水珠 (也形成了質感), 就彷彿它在睡醒後剛去洗完澡一樣。

70-180mm 鏡頭, 光圈 f/11, 快門速度 1/30 秒

圖案

在我進入攝影後的 6 個月，我發現自己對攝影的狂熱似乎是永無止境的。有一天，我正專注於拍攝鮮紅色的番茄片和深綠色的小黃瓜 (那是我午餐的一部分)，結果這樣的色彩、質感、還有整**圖案**所組成的畫面，讓我一下子就拍掉了好幾卷的底片。

這樣的 "發現" 不僅讓我有愈來愈多、滿滿是圖案的拍攝機會，也發現到我自己內心裡的一些東西 —— 圖案對我有種不可思議的力量，可讓人感到穩定、一致性和歸屬感；也由於圖案是可預見 (預測) 的，所以也會讓人感到安全、安心與可靠。

其實，無論是工作還是在家，每個人都會有某種程度的可預測性 (或稱 "規律性")，這種可預測性的具體表現就是人們的『行為模式』。例如，竊賊的偷竊模式，是趁您不在家的時候，找出可成功潛入的方法；偵探的推理模式，則是找出可捉住小偷的方法；心理學家的諮詢模式，則在找出可幫助我們理解自己行為的方法；至於新手爸媽，也同樣會逐漸習慣於嬰兒的行為模式。

在拍完番茄片和小黃瓜之後，過了幾年我又發現另一個跟圖案有關的拍攝機會。那天清晨，我抵達位於奧勒岡州佳能海灘 (Cannon Beach) 以北幾公里外的印度頭海灘 (Indian Head Beach)，早上的一場毛毛雨讓滿布在海邊的小鵝卵石有如覆蓋著一層耀眼的光芒 —— 可以肯定的是，這裡一定有著豐富的圖案！

當走到這片 "圖案" 現場時，我注意到某個石頭上的一根羽毛，於是我拿出微距鏡頭，構思著該如何將這羽毛的局部和 8、9 滴雨滴框進畫面中；但就在我拉開三腳架時，我突然想到：如果能拍下黑色圓石子和一根白色羽毛所形成的對比圖案，豈不更好？

換言之，由於『圖案』是可預見的，所以任何破壞其節奏或和諧性的物體，就會完全佔據您的注意力 (就像在教堂裡聽到嬰兒的哭聲一樣)。

在課堂上，我總是建議學生們先從圖案開始尋找可拍攝的機會，因為有圖案的畫面非常多，常可看到一些俏皮的趣味畫面，是練習拍照最好的開始，而且不必遠遊 —— 即使您有千萬個理由不想出門，或單純只想保存體力，還是可拍到許多精彩鏡頭，因為圖案無所不在、而且千變萬化！

當我剛踏出一家健康食品店時，好巧不巧遇上一場臨時雨，由於沒帶傘在身邊，我只好在附近的屋簷下躲雨，過了幾分鐘之後才回到我停車的地方。

就在這時候，我瞥見停車格旁、在柏油路面上的一小塊"油漬"，立刻從後行李箱中取出我的攝影器材，並快速將相機和鏡頭用三腳架固定好，接著靠近主體，好讓整個畫面有個一致性的圖案。

70-180mm 鏡頭，光圈 f/16，快門速度 1/4 秒

在這張照片中有多個『圖案』：報紙上的文字、鳥籠的柵欄、和裡面的鳥兒，它們共同組成了這幅充滿視覺趣味的影像 —— 由於我對原本在籠子後面當背景的灰色混泥土牆很不滿意，於是請攝影助理在鳥籠後方約 1 公尺的地方舉起一塊桃紅色的色布。

80-200 鏡頭 (180mm 焦距)，光圈 f/8，快門速度 1/250 秒

當我在新加坡這段期間，我花了好幾天在小印度區裡，拍攝許多當地居民們的生活和工作情形。有一次，我看到一位年長者正坐在他的店前看著報紙，在我的懇求下，他答應讓我拍個照 —— 就在原本的座位上，我以這位先生身後的圖案為背景，但由於拍攝主體的 "干擾" 打斷了圖案，使得這位年長者成了畫面的焦點。

105mm 鏡頭，光圈 f/5.6，快門速度 1/250 秒

Carvi Graines
1,9€:100grs
Nora Concassée
(Epices Nobles)
Mélange
5 Baies
Pour tous les plats
3,8€:100grs
Feuille de Coriandre
4,9€:100grs
Mélange Maison Spécial Couscous
Poivre Noir Moulu (Madagascar)
Pour tous les plats
1,9€:100grs
Tandoori
2,5€:100grs
Piment Langues d'Oiseaux
3€:100grs
Poivre Blanc Moulu (Madagascar)
Pour tous les plats
1,9€:100grs
Sésame Blanc
1,6€:100grs
Piment doux d'Espagne
1,9€:100grs

由於有著多樣的色彩和圖案，露天市場可說是我最喜歡去逛的地方了！在一般情況下，我通常只會 "輕裝簡從"，帶著相機和一顆 35-70mm 鏡頭就足夠了 —— 如此溫和的焦段範圍，可讓我在狹隘的空間中拍出更貼近的影像 (左頁上圖)。

另一張是拍攝市場裡的香料，我手持著相機，並墊起腳尖用 12-24mm 鏡頭拍攝 (因為我中間還隔著其他東西擋著)，也得到一張更有吸引力的圖案照片。

左頁上圖：Nikkor 20-35mm 鏡頭 (28mm 焦距)，光圈 f/11，快門速度 1/60 秒

左頁下圖：12-24mm 鏡頭，ISO 100，光圈 f/11，快門速度 1/60 秒

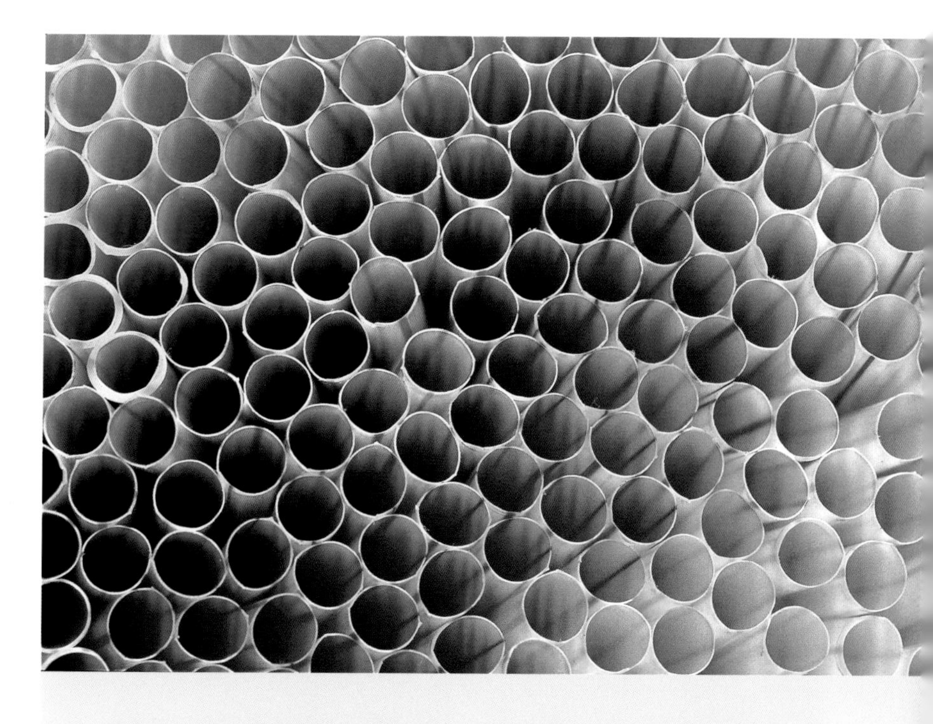

當我太太從雜貨店買了一袋五顏六色的吸管回來後，我便趕緊趁著孩子們還沒弄亂它們之前，將這些吸管立放於桌面上 —— 由於現實中這堆吸管的平面直徑大概只有約 7、8 公分，所以必需用微距鏡頭才能填滿整個畫面；同時我讓相機焦平面和吸管的頂面有一點點的角度 (非平行)，好拍出稍具有動感的構圖。

Micro-Nikkor 105mm 鏡頭，三腳架，光圈 f/8，快門速度 1/8 秒

里昂的索恩除了銀行之外, 周末假期更是中古書商傾巢而出的時刻, 在這除了可找到一些真正的 "寶藏", 如果有著一雙敏銳的攝影眼, 您也可以找到許多的圖案來構圖。

一開始, 我只想用敘事光圈來捕捉從前景的書籍、到背景山頂的大教堂 (如右圖), 但突然地, 我發現『圖案才是王道』, 於是我把注意力轉向書籍, 並俯身拍攝 —— 我用對角線構圖的方式, 拍出一幅如對生活作出安排的畫面 (如下圖)。

下圖：12-24mm 鏡頭 (24mm 焦距), ISO 100, 光圈 f/11, 快門速度 1/160 秒

在佛蒙特的那幾年，我花了一段時間拍攝伯靈頓當地的一個公園。有一次，我全心注意著腳下的地面：到處灑滿了楓紅葉，加上前一晚下了一場雨，使色彩變得更加飽和濃郁。

我很快便有個想法：把所有的楓紅葉都翻到背面 —— 除了其中一片！我相信觀看者的視線會馬上感受到這片紅葉的重要性，因為它不同於其他的葉子 (這是個很有效的構圖方式，特別是用在圖案上，您不妨多加試試)。

Nikkor 35-70mm 鏡頭，三腳架，ISO 100，光圈 f/11，快門速度 1/30 秒

色彩

之前，我正坐在一間咖啡廳裡，有兩位年輕的法國男生恰巧就坐在我附近，其中一位帶著相機背包、脖子上還掛著 2 台專業單眼，這讓我對他們開始留心了起來。

在接下來的 30 分鐘裡，他們的的話題果然都是在講攝影，其中這位 "專業" 仁兄說的一段話最讓我印象深刻：『色彩真的是隨處可見，那有什麼了不得的？唯有拍黑白照，才是真正的影像創作藝術』。

究竟何謂攝影藝術？是彩色的還是黑白的？我想當時並不適合爭辯這個話題，但在這裡**倒是**可把一個事實講清楚，那就是色彩**的確是**顯而易見的，也因為太常見了，許多攝影者根本沒在 "看" 的！如果他們有真正地看到色彩，一定會如陷瘋狂般地按下快門拍攝 —— 即便是**只有**拍色彩都好。

要想真正看到色彩，成為一位懂得如何運用色彩的攝影者，是有許多需要學習的地方：首先，色彩蘊含了許多的訊息和意涵，再者，您還得了解色彩的視覺重量 (Visual Weight)，以及它對線條和形狀會有哪些影響 —— 如果想更有效地活用色彩，還得了解色彩之間不同的色相和色調。

即使單論色彩這樣一個主題，也都可以寫成一本書了，所以我們在此所討論的範圍，將僅限於**主顏色** (紅、藍、黃) 和**輔助色** (橙、綠、紫)。主顏色又稱 "原色"，表示它們無法經由其他顏色混合而來，至於輔助色則是由任意 2 個原色混合而得，故也稱之為 "合成色"，亦即：紅色 + 藍色 = 紫色，紅色 + 黃色 = 橙色，藍色 + 黃色 = 綠色。

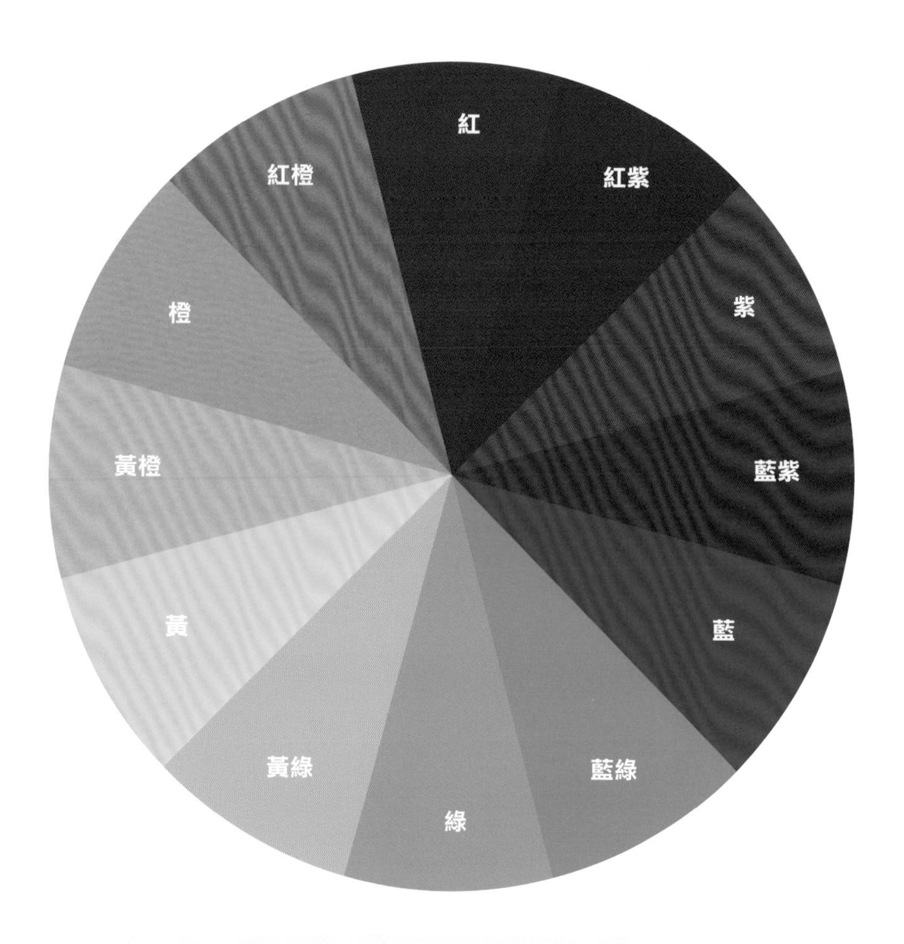

這個色輪是以減色法依序排列，藉此呈現彼此的相互關係，像在色輪兩邊正對著的色彩，就稱之為『互補色』——即當畫面中同時出現這 2 種顏色時，就會彼此互補、形成對比效果。

此外，在每個**主顏色** (紅、藍、黃) 對面的就是**輔助色**，每個輔助色都是位於組成該色彩的 2 個原色之間，至於其他相似色則是依序並排在整個色輪上。

色輪可幫助您對色彩有著更敏銳的感覺，並了解彼此之間是如何相互影響的。最後提一下，色輪的色彩排列序位不見得都相同，數量也不見得一樣，像有些可能是 6 種顏色，而大部分都是像這樣的 12 種顏色。

此外, 色彩常會和溫度聯想在一起, 像是紅色、黃色、橙色 (與太陽相關的) 常被形容為『暖色調』, 而像藍色、紫色、綠色 (與水和陰影有關的) 則常被形容為『冷色調』。

紅色是所有色彩當中最 "熱情" 的顏色, 所以當您把這 6 個顏色 (紅、橙、黃、綠、藍、紫) 等距地在您面前排成一排, 您會發現紅色似乎比較 "前進" 些; 而和紅色形成最強烈對比的是藍色, 這多半是因為藍色屬於 "後退" 的色彩之一。

您無需出遠門就能找到綠色, 特別是在春、夏兩季, 因為綠色可說是大自然的主色, 但在人造世界中卻很少發現到綠色; 所以說, 當我一看到這個以綠色桌布為底色的草莓盛籃圖案, 就立刻抓了景就拍, 並以一塊價格表當成打破圖案的有趣視點。

由於紅色和綠色是互補色 (也就是彼此在色輪的對面), 所以可相得益彰、彼此映襯 —— 當然, 綠色桌面也可讓草莓的葉子顯得更為 "出色"。

萊卡 D-Lux 3, ISO 100, 光圈 f/8, 快門速度 1/125 秒, 光圈先決模式

至於黃色，就跟紅色、橙色一樣，都是屬於 "前進" 色；綠色是大自然中最主要的顏色，它和藍色一樣都屬於 "後退" 色 —— 而紫色或紫紅色也是個較隱性的色彩，其 "後退" 程度更甚於藍色和綠色。

所以，我們該從哪裡開始去尋找色彩呢？許多戶外攝影愛好者必然會前往山上、沙漠、海灘、或花海區，而其他人大概會先在城市的街頭巷尾、甚至是資源回收場裡搜尋。但無論您怎麼找尋，您的首要目標就是要拍出以**色彩**為構圖的畫面 —— 而不是**風景**、**花卉**、**人像**或**建築**。

我常會建議學生們用一支望遠微距鏡頭 (或帶有微距功能的中望遠鏡頭，或是在一般的望遠鏡頭上使用接寫環) 來開始尋找色彩 —— 像我自己就最喜歡用 70-180mm 這支微距鏡頭；當您把搜尋範圍限制在小小的 "微距" 世界後，能找到的成功機率反而變得更高，許多學生們很快就能看出各種色彩的可能性，而且不只是用微距設備，連用望遠鏡頭或廣角變焦鏡頭也做得到！

其中，有一位學生她花了幾天的時間、用微距鏡頭來拍色彩，她說的一句話或許可總結大部分人的感受：「我覺得自己像拉撒路 (Lazarus) 一樣死而復生了！是色彩它喚醒了我」 —— 是的，色彩是顯而易見的，正因為它無所不在，所以只要您更懂得去發現身邊的色彩，通往創意攝影的旅途將更為順暢。

加色法 vs. 減色法

書中所敘述的主顏色 (原色) 紅、藍、黃是所謂的**減色三原色**，再從它們身上得到**減色輔助色** —— 紫、橙、綠。『減色法』是依照顏料和反射光的特性而來，當我們把顏料塗在表面上，白光 (太陽光) 照到顏料上後，大部分的色光都被吸收 ("減" 掉了)，只有特定的色光被反射出來 —— 這就是該顏料的顏色，如果將等量的減色三原色混合後，就變成了黑色。生活上，無論是繪畫、攝影、印刷等，全都是使用減色法。

既然有減色法，就有所謂的『加色法』！這一組的**加色三原色**為紅、綠、藍，而**加色輔助色**則為青、洋紅、黃。它是由物體所主動發出的光線，如果物體完全不發光，就是黑的；而隨著不同程度的紅、綠、藍等色光出現，我們就會看到各種不同的顏色，如果是把這三原色等量相加，就會得到白光 —— 像是電視螢幕、顯示器、數位錄影機、平台式或滾筒式的掃描機等，都是使用加色法。

最後我要再次強調，本書所討論的是**減色**色彩！藝術家們使用減色法已經有好幾個世紀了，當您在拍色彩的時候，也要牢記這個關係。

每次上課，我總會說：「首先，也是最重要的，就是照片中鮮明的色彩！」不要老是想著找尋岩石、樹木、瀑布、鳥兒、花兒、消防栓、或橋梁，您應該集中全部精力在紅、藍、黃、橙、綠、紫 —— 色彩第一，內容才是第二！

在這張照片中，就是色彩 (黃色) 打破了四周原本以藍色為主的圖案，所以才吸引到我的目光、並看到了這幅影像；萬一您在現場，卻不知該如何取捨主體，那麼就請確實**看到**四周圍是否有什麼色彩出現 —— 如果剛好只有 2 個主顏色，那麼您就可以事半功倍、省下不少功夫了！

圖中的黃色調把背景身著藍衣的身影和前景的魚籃加以 "突破"，同時也平衡了這位蹲在前面的藍衣魚販；至於畫面中穿著白衫站立的身影，則有效地襯托出漁貨的顏色和色調。

Nikon D2X，12-24mm 鏡頭 (12mm 焦距)，光圈 f/16，快門速度 1/60 秒，光圈先決模式

上面這張照片的張力並不在於它的構圖上，而是在我拍攝前就想好的色彩關係上。

橙色和藍色是色輪上彼此相對的**互補色**，也就是一個是暖色調，而另一個是冷色調，但由於彼此的 "力量" 相當，所以可以互相強化彼此的視覺張力。反之，橙色和紅色在色輪上是屬於彼此連續的**相鄰色**，但如果相似 (相近) 的色彩搭配在一起，整個畫面就會變得單調 —— 所以當您碰上相鄰色時，最好的解決辦法就是找出它們的互補色，就像在這裡的藍色牆壁！

70-200mm 鏡頭 (100mm 焦距)，光圈 f/5.6，快門速度 1/400 秒

色彩也可以 "濺" 得您一身溼！在這裡, 藍色的水 (後退色) 和一顆黃色的球 (前進色) 形成對比, 也強化了整個畫面的深度和空間感。

我站在一個約 3.5 公尺高的長梯上, 好讓我可手持相機往下拍攝泳池, 在接下來的 30 分鐘裡, 我的模特兒共幫我跳了 108 次之多 —— 而這張正是我最喜歡的一張。

35-70mm 鏡頭 (50mm 焦距), 光圈 f/8, 快門速度 1/500 秒

如果要問我這麼多年來在攝影中學到、學會了些什麼, 我會說：「只要我事前準備的愈充分, 那麼當幸運之神降臨時, 我能**拍到**的機率就愈高」。

多年前我在古巴的街道上閒逛, 並拍下許多以色彩作為構圖的畫面, 當我走到一條小街的盡頭, 正考慮要向左轉還是向右轉時, 突然來了一位年輕的古巴男孩；我迅速蹲下、雙手肘緊夾住兩肋, 啪啪啪地馬上連拍 3 張 —— 在清晨的側光中, 加上如此鮮豔的藍色、黃色和紅色, 構成了這張具有強烈對比和色彩的影像 (事實上, 小男孩會穿著紅色的上衣, 真的純粹就是運氣)。

80-200mm 鏡頭, ISO 50, 光圈 f/8, 快門速度 1/250 秒

這張照片拍於邁阿密海灘的黎明之前，天空照映出淡淡的洋紅色，這樣的洋紅色調把海灘對面的現場畫面染成了紫色，也讓眼前的克萊斯勒和 Colony 酒店變得更富麗堂皇了 —— 當然了，這股優雅的氛圍不禁讓我聯想到有如皇室般的紫色色調。

清晨或傍晚的光線可幫您的影像加分 —— 但或許會是減分！如拍向日葵時就不能在日出時拍攝，因為這時的光線偏橙紅，會拍出很 "假" 的黃色，所以請一定要留意光的顏色！

Nikkor 35-70mm 鏡頭 (50mm 焦距)，光圈 f/11，快門速度 1/8 秒

誠然, 留心色彩和它所傳遞的情感訊息, 是培養攝影能力的重要過程, 但即使是單一色調的景物, 也同樣要留意色彩！

單色的影像是由同一個色調 (色彩)、不同明暗度所組合而成的, 或是完全沒有顏色, 只有黑、白、和不同深淺的灰 —— 這情況在冬天最容易看到。為了拍攝冬季雪景的單色影像, 您必須等候陰天或下雪天, 並選擇形狀鮮明、深色的主體。

這張照片是我來到荷蘭的西弗里斯蘭 (West Friesland) 所拍攝的, 當時已下了數小時的雪, 而這 3 座風車則正好可表現出單色調影像的風格。

17-35mm 鏡頭, 光圈 f/16, 快門速度 1/30 秒, 曝光補償 +1EV

習題 exercise
掌握設計的基本原則

首先, 請在您拍攝的所有照片當中, 挑出 80 張完全沒有人在裡面的作品 (如果您挑不齊, 那就改搜集 80 張全部都有人在裡面的照片), 然後拿一張紙, 畫上 6 個欄位, 分別寫上:線條、形狀、形體、質感、圖案、和顏色。

現在, 請用最嚴苛的 "評分" 標準逐一檢視這些照片, 仔細確認它們的主要構圖元素, 並在對應的欄位上標上一筆 (做 "正" 字標示);最後, 您會發現大概有一、兩欄的標記特別多, 因為每個人都會偏好於拍攝某些設計元素, 這些拍攝的內容和您安排畫面的位置, 都會揭露出您的內心世界 —— 當然, 這前提是假設您是以自己對這世界的感受和情感在拍照, 而不是在模仿他人。

接著, 請注意到標記最少的欄位, 這就是您的 "弱點", 也是您該努力克服的目標。此時, 請只要帶著望遠鏡頭或望遠變焦鏡頭即可, 因為它的視角較窄、景深較淺, 所以可以排除掉一些雜亂的景物, 有助於您所要強調的視覺元素 —— 總之, 設計的基本原則在本質上就是 "裁減" 的藝術, 唯有如此您才能規劃出自己的航程, 在屬於自己的靈感之海恣情創作。

平心而論，這 2 張照片在構圖上都是上乘之作，因為一張具有衝擊力和豐富色彩的影像，100% 都來自於攝影的 6 個主要設計元素：線條、形狀、形體、質感、圖案、和顏色。

在第 1 張照片裡，結合了樓梯和人物腿上褲子的強烈線條感，以及鞋子的色彩，然後巧妙的將質感、形體、和圖案都融合在其中。

至於第 2 張照片中，最明顯的就是形狀、色彩，和在我爸身上紅色毛衣與遠方後院板條的線條感所形成的輪廓對比 —— 此外，藍色的天空色、頭上的白髮、毛衣的質感、與白色板條所形成的圖案和陰影，也都看得到其他設計元素的蹤影。

左圖：12-24mm 鏡頭，ISO 200，光圈 f/11，快門速度 1/15 秒

下圖：17-55mm 鏡頭 (55mm 焦距)，ISO 200，光圈 f/22，快門速度 1/100 秒

比例

人類的外形大概是這世上最不會被誤解的輪廓，所以，當您把人納入任何廣大遼闊的風景時，就會產生明顯的範圍感與規模感；可是，這麼一個微小 (又沒佔滿畫面) 的主體，是如何讓您注意到它呢？

這答案就在於視覺感知的基本規則：當主體和它周圍的比例愈不尋常，就愈容易脫穎而出 —— 不論是發生在自然的景觀，還是更都會、更工業的場景。

我常常告訴很多學拍自然風景的學生，如果有一天他們希望用拍照來賺錢，應該要聰明一點：只要可能，相同的風景要拍下另一張包含 1 個人的照片 —— 事實上，有 1 個人在裡面的風景照，往往比沒人在的，市場價值要來得高一點。

在這個形狀像是字母 "H" 的構圖中, 如果沒有人這樣的元素在裡面, 就無從顯示出這張畫面的大小和比例感。同樣的, 下面這張我相信每個人都會說:「哇～ 這艘船真是大啊!」, 因為在船頭邊所出現的人, 帶出了這艘大貨櫃船的規模感。

您不妨用手指遮住這 2 張照片中的人, 就會發現景物的大小和規模就幾乎傳達不出來了。

上圖:Nikkor 300mm 鏡頭, ISO 50, 光圈 f/16, 快門速度 1/60 秒

左圖:80-200mm 鏡頭, 光圈 f/16, 快門速度 1/2 秒

構圖

也許有一天，正確而具有創意的曝光可以全交給相機處理，但是我無法想像有朝一日，相機會夠告訴您哪裡是最佳視點，什麼樣的光照條件最好等；因為在影像創作的藝術裡，有 2 個不變的東西就是：觀察 (Seeing) 與構圖 —— 再好的科技也沒有辦法取代它們！

那麼究竟什麼是構圖呢？攝影構圖在某種程度上，是以**秩序**和**架構**為基礎：一張好的照片之所以成功，大多歸功於構圖，也就是視各個元素在畫面中被安排的位置而定 —— 就像任何好的故事或歌曲，都會有一些元素被安排在該作品當中。

在此之前，我們已經討論過幾個基本的設計元素，所以在此將針對剩餘的部分加以探討，包括了框景、格式、張力、與平衡等 —— 特別是後兩者，它們是成就一張好構圖的最重要因素：**張力**是指照片中各個元素之間的互動關係，它可左右觀賞者的情感；而**平衡**則組織了視覺的元素，可避免觀賞者誤解攝影者原本要表達的意思。

如果在這幅影像中畫個虛擬的九宮格，您會發現它幾乎是完美的對應著；此外，這裡的景深也恰到好處，這都該歸功於使用 35-70mm 鏡頭的 35mm 焦距。

在這張照片裡，背景中的男孩位於左邊 1/3 的位置，而主體的帽子 (靠近上方的 1/3) 和襯衫 (靠近下方的 1/3) 則襯托出本人歷經風霜的面容，而這部分佔據了水平和垂直方向各 2/3 的比例。

Nikkor 35-70mm 鏡頭 (35mm 焦距)，
ISO 100，光圈 f/5.6，快門速度 1/30 秒

就像彈弓和小石頭的關係一樣，在這個綠樹成蔭的綠色隧道裡，就有個如 "石頭" 般的自行車騎士，而且還穿上了最顯眼的紅色 (前進色) 外套，成了這幅最佳的構圖。

Nikkor 300mm 鏡頭，ISO 100，光圈 f/16，快門速度 1/125 秒

填滿畫面

取得適當的平衡、並安排好影像中的元素, 聽起來都很簡單, 但無效構圖依舊如此多的原因之一, 就是攝影者 "沒有填滿畫面"。

當您透過觀景窗取景的時候, 大腦會不斷地 "欺騙" 您、讓您以為畫面已經填滿了 —— 這是人腦與生俱來的能力, 它會選擇性地將影像 "放大", 並刻意過濾掉在主體上、下、左、右的雜物；這種快速 "擷取" 的能力能讓您迅速找到所要找尋的目標物, 或許您真的相信 "只" 看到一頭麋鹿, 但實際上眼前是一個非常雜亂的景觀。

正因為大腦會主動過濾掉這些周圍的雜物, 您才不會整個大混亂！

想看看, 您每天看到、聽到成千上萬的影像和聲音, 但卻沒有因此而抓狂, 就是因為大腦具有神奇的能力, 可以將自身周圍大量的 "噪音" 給排除掉, 好讓您可專心的開車, 或是在吵雜的商場跟朋友交談, 或是在人聲鼎沸的餐廳裡邊吃邊看書, 或是在擁擠的公車上閱讀報紙...

同樣的, 在您透過觀景窗朝麋鹿對焦時, 可能也沒看到牠的後腿和附近的枝葉重疊了, 或是麋鹿在畫面中所佔據的整體大小, 其實遠比您想像的要小得多了。

在我『觀察的藝術』(Art of Seeing) 這門課中, 我都會讓每位學生選擇自己最熟悉的 2 個主題之一：一個人或是一朵花, 然後請他們將主體**過度填滿**到超出整個畫面, 如裁掉額頭或花瓣部分。

這是一個簡單而有驚人啟迪作用的練習, 超出畫面、進而展現出衝擊力就是這麼容易！雖然拍人像時把人家的額頭或耳朵裁掉, 或許不該是 "通則", 但創意影像本來就不會有 "共同" 的思考方式 —— 愈貼近主體拍照, 就愈能形成親密的關係, 也就會讓畫面更具衝擊力。

像在這裡, 我整個人趴在一位鄰居的兒子前面 (上圖), 用跟他同高的眼平角度, 貼近到 "切掉" 了他的頭部, 拍出了這張超有震撼感的照片；同樣的, 下圖這張我女兒的照片, 也是讓她的頭臉完全超出畫面, 而不是一般典型的人像照。

300mm 鏡頭, 光圈 f/4, 快門速度 1/500 秒

Micro-Nikkor 70-180mm 鏡頭 (100mm 焦距), 光圈 f/5.6, 快門速度 1/90 秒

在打破攝影構圖的許多問題中，首先頭一個依然是無法有效的**填滿畫面**！但除非您把畫面補滿，否則您的觀眾可能會看得哈欠連連 —— 是沒錯，他們是有看到拍攝的主體，但同時他們也看到了四周圍不相干的景物，此時就會覺得若有『所失』，也就是缺少**衝擊力**！

如果您真想讓您的觀眾 "睡著"，那麼就盡可能站得比預期中的遠，不要愈走愈近，不要將望遠鏡頭的焦段拉到最望遠端；還有，不管您想怎麼拍，就是千萬不要趴在地上拍、或爬到高處往下拍...。

反之，如果您真的想拍出一張填滿畫面、又深具震撼力的照片時，那就把上面的事都 "反" 過來做就行啦！

這 2 張照片，您比較想懸掛哪張放在牆上？如果您和大部分人一樣，應該都會選擇左邊這張吧 —— 就像是如果可以選擇的話，我們都應該會挑選最前排的座椅，因為這樣才能看到**所有的東西** (不會被擋住)！

在構好圖、拍完照之後，請記得從相機上先行檢視照片：一般來說，如果您的主體沒有碰到、或至少非常靠近液晶螢幕的邊緣，那麼您就相當於坐在最遠的看台上。

Nikkor 17-55mm 鏡頭 (55mm 焦距)，ISO 100，光圈 f/11，快門速度 1/200 秒

練題 exercise

學會如何填滿畫面

克服無法填滿畫面最好的練習, 就是拿起您的相機和三腳架出門, 整個禮拜什麼都不拍就只拍英文字母和數字。

這樣一來如此有 2 件事會發生:(1) 您會 "看到" 過去您從未注意到的字母和數字, 而它們也一定會導引您發現過去從未注意到的其他主題 —— 俗話說「一來二去, 自然而然」果然不錯;(2) 在您嘗試以數字或字母填滿畫面時, 您會找到能貼得更近的所有方法:例如轉換鏡頭、靠得更近、躺下來或爬上梯子。

特別注意只要去拍很有特色與色彩的字母和數字就行了, 而且確定能用它們來填滿畫面。您要從那裡開始找起?古董店是很棒的地方, 廢棄物清理場也不錯 (有一些舊號誌, 可能也有一些塗鴉), 還有港口 (到處都有船的名稱) 甚至是工廠。

您或許會發現某些字母或數字較常出現, 像字母 K 就是喬治.伊士曼的最愛 —— 他說, K 似乎像是一個強壯與果斷的字母;不意外地, Kodak 的名稱就是在字首、字尾都是 K 之下, 由許多字母試驗組合的結果。

雜貨店的秤陀、停車碼表、車牌、船體、路牌、建築標示、或是一些有圖案的地方, 您都會找到各式的字母和數字。

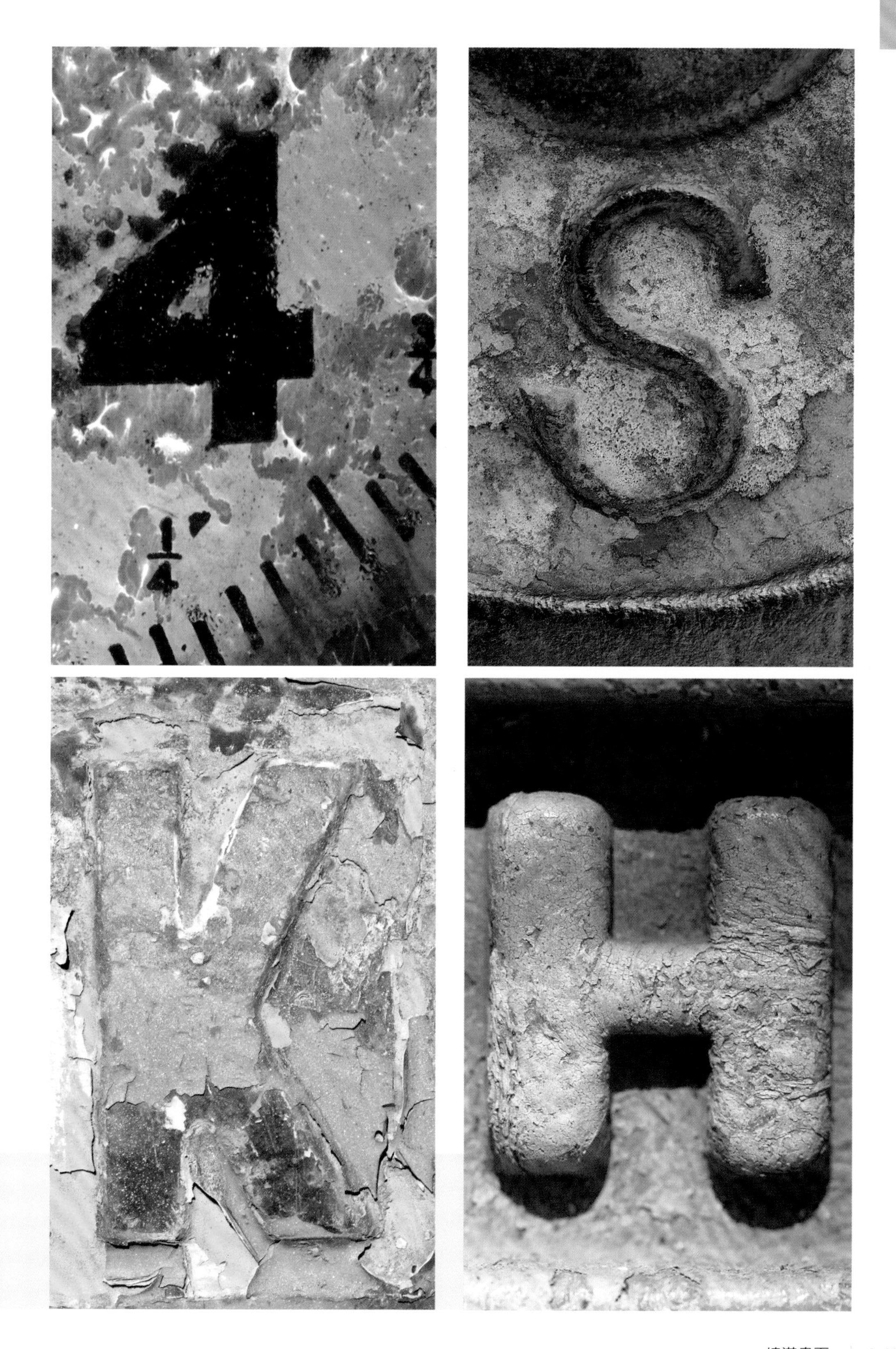
4
1/4
S
K
H

背景

每個禮拜, 線上攝影課程的學生們都必須上傳他們的照片, 再由我從中評選出前 3 名的作品, 雖然每週都要看超過 200 張以上的照片 (似乎令人望而生畏), 但這個 "工作" 的確也是令人興奮與發人深省的 —— 我總能看到一些很傑出的相片, 這些照片讓我駐足、凝視與感受, 令我大笑、微笑, 有時甚至哭泣!

雖然, 我希望自己對每張作品的評選是有標準的, 但不幸地並沒有, 畢竟這些攝影者是學生, 所以許多照片會有很多構圖上的問題 —— 要不就是主體沒有完全填滿畫面, 要不就是屬於第 2 種常見的問題: 讓人分心的背景。

背景的檢查理應是最基本的動作! 就像偵探會問: 這個嫌疑犯的背景是什麼? 雇主會問: 告訴我您的前一個工作是什麼? 醫生會問: 請告訴我您的病歷史...; 事實上, 除了婚姻與攝影構圖之外, 背景的 "查核" 應該是每日生活的常態! 如果規定夫妻的一方或另一方要有完整的身家調查, 有多少人願意這麼做? 對了, 我忘了愛情是盲目的, 而相同的盲目也阻止了許多攝影者拍出偉大的影像。

無論是專業或業餘的攝影者, 都常會因為對拍攝主體的激情與狂熱, 而忽略了背景中發生了什麼變化, 更不用說去思考了! 結果他們不但沒有看到有個會分散注意力的背景, 甚至在相機螢幕上檢視、或到了電腦上進行後製處理時, 都還是沒有發現到 —— 這真的是被 "愛情" 給蒙蔽了!

從在動物園所拍攝的範例可讓您了解到，如果不去留意背景的相對關係，那麼究竟會發生怎樣的 "災難"。

在下面這張照片中，您不覺得畫面中的主體 (鳥) 被背景中那片亮光明顯地分散了注意力嗎？就如同在黑暗的電影院中突然有人開了門離開，結果這瞬間的亮光就中斷了您正在享受 "電影" 的情緒。

然而，只要簡單地將相機從橫拍改為直拍，並稍向右側移動個幾步 (如左圖)，就能將背景中過分明亮的天空給 "關上"，一旦眼睛再度適應 "暗沉"，就能看到這隻美麗的鳥兒了。

Nikkor 200-400mm 鏡頭，三腳架，光圈 f/5.6，快門速度 1/640 秒

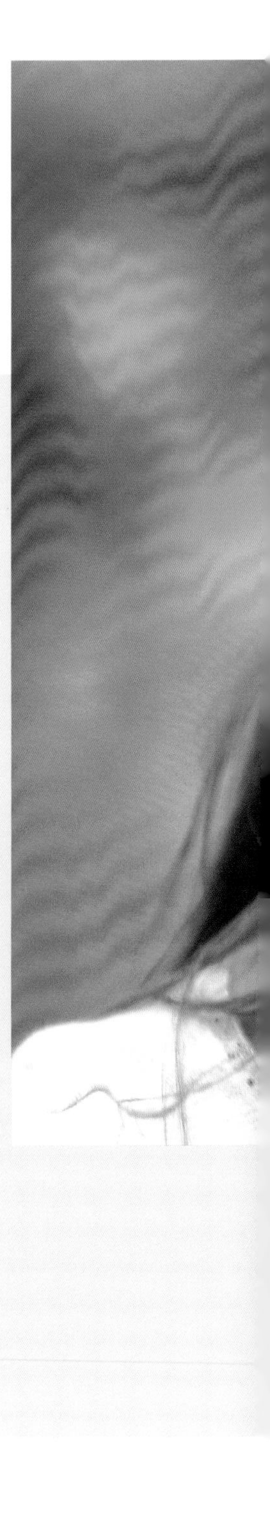

另外一種獲得乾淨背景的方法，就是隨身帶著幾面大塊的布料，而根據您所挑選的布料花樣，將有可能會變成一個更好、更生動的背景 —— 像在這裡，我女兒克蘿伊拿著一塊彩色花布站在他妹妹蘇菲的後頭。

我將相機置在單腳架上拍攝，光圈設在 f/5.6，然後針對平均灑落在蘇菲臉上的漫射光進行測光後，將快門速度調到 1/160 秒以獲得正確曝光。

70-200mm 鏡頭 (200mm 焦距)，光圈 f/5.6，快門速度 1/160 秒

在相機上進行剪裁

只要您在觀景窗中所看到一切景物 (即**所有**景物) 都落在對焦平面上, 那麼所拍出來的影像就會完全符合您所框取的, 同時也會包括前面所提到擾亂視覺的四周雜物 —— 即使景物不在焦平面上, 也就是那些前後景中所有失焦模糊的色塊或形狀, 也都有可能會干擾構圖。

所以在您按下快門之前, 請務必再次檢查畫面中的每個角落 (從上到下、由左而右), 或者是人稍微離開觀景窗, 同時閉上雙眼、在心中描繪出您希望拍到的那個畫面, 接著再睜開眼睛並從觀景窗看出去, 好確認心中所想的、跟實際所看到的畫面是否一致?此外, 如果您的相機有景深預覽按鈕, 那麼請按下它、並看看這樣的景深是不是自己所想要的效果?

正因為再也沒有比按下快門之前, 就立刻剪裁畫面、改變不良構圖更好的方法了, 當然, 拍完再到影像軟體進行後製也不是不可, 但為何要多此一舉、多一道功夫呢?能省下時間去做更有意義的事情不是更好嗎?

有次我來到佛羅里達州坦帕灣 (Tampa Bay) 的布希花園 (Busch Gardens) 拍攝這隻小蜥蜴。當時我將相機固定在三腳架上, 將鏡頭焦距拉到最望遠端 180mm, **但**我還是無法填滿畫面 (如左頁圖), 這樣的構圖畫面根本引不起觀看者的興趣；但由於我的鏡頭已經不能再伸長了, 因此我只剩下另一種辦法來填滿畫面 —— 這通常也是最簡單、最有效的方法, 那就是**走近主體**！

於是乎, 我用 "月球漫步" 般的步伐慢慢地往前移動, 同時一隻眼睛仍持續盯著觀景窗, 好確定我是否往前移動的夠近了。最後拍攝的這張 (如下圖), 蜥蜴所 "填滿" 畫面的比例, 也正好可滿足觀看者希望能在近距離下看到蜥蜴的好奇心。

兩張照片：70-180mm 鏡頭 (180mm 焦距), 光圈 f/5.6, 快門速度 1/250 秒

對比：深色背景

正如珠寶一般都是擺放在黑色的天鵝絨布上，好提升賣相 (看起來更高貴)，在攝影時，陰影通常都會被當成背景，以用來襯托主體；這些陰影之所以會拍成黑色 (曝光不足)，是因為攝影者是對著前景中明亮的主體測光，其結果就會讓影像的對比極大化。

此外，在其他時候，黑色也可是場景中不可分割的一部分，這也讓我們再次見識到黑色在強化對比時的魅力所在。

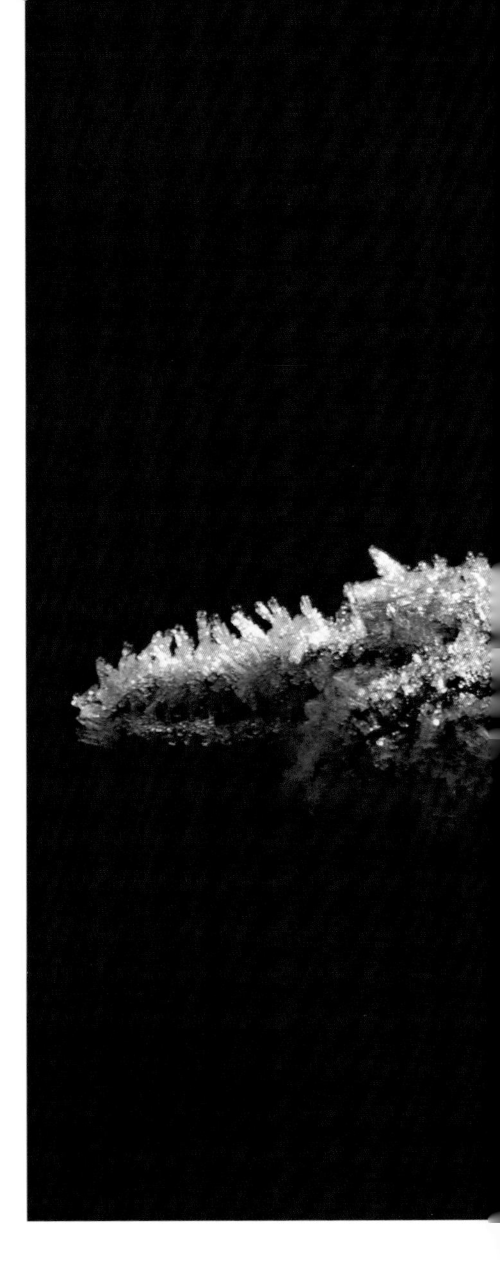

Nikkor 105mm 鏡頭，光圈 f/11，快門速度 1/125 秒

拍攝以黑色為背景的主體時，最大的挑戰就是相機測光錶很容易被 "愚弄"，結果就拍出一張過曝的照片 (黑色變成了暗灰色)。那麼，究竟該怎樣才能做到正確曝光呢？像左頁這張拍攝在路易斯安那州黑湖 (Black Lake) 工作的煉油廠工人門羅先生，我讓先他 "沐浴" 在陽光灑落的地方 (而非背景的陰影區)，接著對著他的襯衫測光 (中間調)，就能讓背景因曝光不足而變成一片黑。

至於上圖中的樹葉，我只是簡單地將相機不斷貼近，直到畫面中**只剩下**樹葉的時候進行測光 (並鎖定曝光值)；接著再退回來重新構圖，並完全不理會測光錶的警告 —— 因為它一直告訴我這樣的曝光太暗了！

上圖：Micro-Nikkor 105mm 鏡頭，ISO 50，光圈 f/11，快門速度 1/125 秒

被圈起來的花 (左頁最左圖) 顯示了拍攝主體所處的環境，我留意到背景中有很棒的陰影區域 (箭頭所指之處)，只要能讓它拍成曝光不足，就可讓陰影變成黑色的背景。

在我第 1 張的試拍 (左頁右圖) 中，拍攝主體顯然並沒有填得夠滿，這讓背景出現了黑色陰影和灰色人行道兩部分 —— 對視覺來說，沒有比 50/50 的分割更令人混淆的；另外，場景中的一些枝葉也製造了雜亂並讓人分心。

於是乎，我更靠近主體一些、並稍稍改變相機的角度和視點，好讓花朵整個佔滿畫面，並 "浮現" 在如黑色絨布上綻放著。

80-200mm 鏡頭，光圈 f/5.6，快門速度 1/320 秒

橫幅 vs. 直幅

由於相機的設計使然，我們大多數人常常習慣於用橫幅 (水平方向) 來取景、拍照，更可嘆的是，許多攝影人 90% 以上的照片都是橫幅的！這問題有多嚴重呢？我一位學生曾經跑來問我：是否該買台可拍直幅畫面的相機？這多令人震驚啊！

那麼，為什麼您會想拍直幅畫面呢？就是為了讓主體要呈現一種尊嚴的氣勢，這就是答案！垂直線或直拍照都能傳達出力量和權勢，但由於我們只偏好用橫幅方式取景，於是乎在拍攝時就只能把一個明顯是垂直的主體 "壓低"，好塞入橫幅的畫面中 —— 當然，這樣做您勢必得往後退、遠離主體，才有辦法拍得進來；但即使拍進來了，畫面的左右兩邊卻也成了 "雜物空間"，其實只要把相機豎直 (轉成直拍)，您看，雜物是不是都不見了呢？

我常被問到：什麼時候拍直幅比較好？我的回答總是：就在拍完橫幅之後！大部分的主體多半都可以橫的拍一張、直的拍一張，而您也可以視需要移動位置、改變視點、將鏡頭拉近或推遠、甚至換顆鏡頭後再拍 —— 但同時用直、橫幅拍攝同一主題，對您來說絕對是有益而無害的。

其中一個好處，就是不必為了裁切照片而造成影像畫質的損失！雖然在電腦上可將橫幅照片裁切成直幅照，但一定會影響到畫質。所以，與其花時間在裁切照片，倒不如就**在相機上**一次把事情做好，這樣一來，花在電腦上的時間少了，自然就有更多的時間拍照啦！

另外，等哪天您的作品終於可賣到市場上，這時如果同時有橫、直幅的照片，就能輕鬆應付客戶的各種需求。

對我來說，這組畫面中的橫幅照片似乎沒有直幅的那麼緊湊、有節奏感，反而有點像是在描述一個問題，或是點出一個事實的 "聲明"。

兩張照片：Nikkor 12-24mm 鏡頭 (12mm 焦距)，Canon 500D 近攝濾鏡，ISO 200，光圈 f/8，快門速度 1/320 秒

在過去幾年，拍攝奧勒岡州中部海岸的亞奇納 (Yaquina) 灘頭燈塔的夕照，已成為更具挑戰性的拍攝景點之一，每到接近傍晚的時候，就會有許多攝影愛好者積極卡位，所以您至少得提早 1 個小時抵達，才能佔到有利的拍攝位置。

拍攝這張照片時，我將相機和鏡頭固定在三腳架上，同時加裝了一片 FLW 洋紅色濾鏡，光圈定在 f/22，快門速度則是調整到相機顯示正確曝光的 4 秒；在接下來的幾分鐘內，我變化各種構圖方式取景角度拍攝，而我的學生也謹守我的指示，在拍完橫幅之後就改拍直幅的。

請留意到這 2 張照片的不同感覺：橫幅的影像讓人感受到舒適寧靜 (甚至說會讓人昏昏欲睡的)，而直幅的則讓人感到一種豪氣、莊嚴的氛圍。

70-200mm 鏡頭，FLW 洋紅色濾鏡，光圈 f/22，快門速度 4 秒

黃金分割和三分法則

由於人們心中會尋求秩序，所以一旦遇到混亂時，會立即心生警戒，並試圖將失序的情況在短時間內恢復秩序 —— 換言之，人們需要有秩序，才會感到安全，這樣的需求也延伸到了藝術領域。

人的眼睛會去尋找一個明顯的 "贏家"，也就是有一個明確的主體，而較不喜歡 "平手" 的狀態 —— 當一個畫面會讓視覺 "舉棋不定" 時，就容易造成不確定性和緊張感。

基本上，每一幅成功的圖畫，都是在構圖和佈局上能凝聚出一個 "可依循" 的原則，為了更清楚地傳達出這種藝術上的構圖法則，古希臘人很快地就發展出至今仍在使用的比例原則 —— **黃金分割** (Golden Section)，或稱為黃金 / 希臘平均數、黃金比例、黃金矩形等。

黃金分割是一種幾何 / 空間關係，最常見的解釋，是指一個矩形的長邊減去短邊後的長度，大約是原長邊的 1/3 長 —— 如一個 9 × 6 公分的矩形；這個比例式後來成為許多古希臘繪畫和建築的準繩，並一直持續到文藝復興時期。

不久，藝術家們發現人們對數字 3 和三等分有所偏好，所以他們在這個理想的黃金矩形上，上下左右各 "虛擬" 出 2 條等距的水平 / 垂直線，平分出 9 個同樣也有完美比例的等分，這虛構的網格就被稱之為**三分法則** (Rule of Thirds，中文俗稱為 "井字構圖法") —— 至今藝術家和攝影家們仍然使用該法則來確認主體的最佳位置，因為畫面中重要元素所置放的位置，是否就落在這格線的 4 個**交會點**上，就成了一幅作品的成敗關鍵！

在拍攝這幅景色時，我覺得水平線以下的地景才是最精彩的，所以我留了 2/3 的空間給地面，剩下的 1/3 給天空，同時也確認好夕陽的位置會從網格的左上方交會點處附近西下。

75-300mm 鏡頭 (300mm 焦距)，三腳架，光圈 f/16，快門速度 1/60 秒

即使您是用直幅畫面在拍攝人像, 還是得遵守三分法則, 因為這麼做可以創造出一種適當愉悅的平衡感。

在這裡, 人物的一隻眼睛落在 (或靠近) 左上角的交會點上, 而一雙眼睛都與上 1/3 的格線平齊, 至於嘴巴和手也都正好落在另一條格線上;如果直接將雙眼放在畫面的正中央, 影像會更顯呆板、視覺上的樂趣也會較少。

Nikon D2X, 70-200mm 鏡頭 (135mm 焦距), 光圈 f/5.6, 快門速度 1/160 秒

如果想確認構圖中最重要的元素, 您可先問自己幾個問題:這是張什麼照片?我該納入更多還是更少?拍攝主體是位於左側 1/3 處、還是右側 1/3 處?要強調的重點是位在水平線之上、還是之下?

特別是在拍風景時, 水平線的問題是最重要的, 至於答案也幾乎是 100% 肯定的:如果重點在地平面**以上**, 那就把水平線置於畫面的**下方** 1/3 處;如果重點是在地平面**以下**, 那就把水平線置於畫面的**上方** 1/3 處。

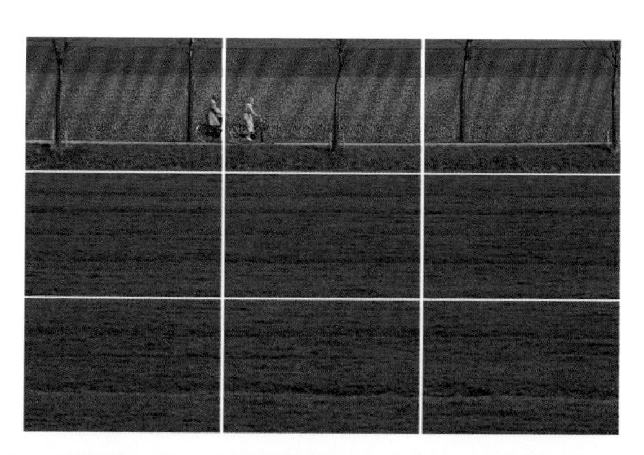

在荷蘭拍下這張照片時，我謹守著三分法則 —— 除了將遠方騎著單車的人們當成點景，把畫面中絕大部分的比例留給眼前的風景，同時也盡可能地將人物擺放在 4 個『交會點』中的某個位置。

當然，所有的原則都是用來打破的，但對於三分法則，您應該盡量避免這種 "例外"。

Nikon F5, 80-200mm 鏡頭 (200mm 焦距), 光圈 f/16, 快門速度 1/125 秒, 使用 Kodak E100VS 軟片

50/50 vs. 66/33

雖然每張影像 (或想法) 在一開始成形前, 都會有某種程度上的不確定性, 但至少有一個是不變的：如果某個現場的空間和景物被平均地 "一分為二", 這樣的構圖很少會成功的！因為將畫面分割成相等的 2 部分 (如用地平線分界), 會讓主體變得不明確、也不夠穩定。

此外, 當主體和其他元素都 "一視同仁" (無主從之分) 的時候, 彼此就會互相牽制、削弱。正如各種選舉不管結果如何, 都不可能沒有人勝出, 攝影構圖上也需要一個明確的 "贏家" —— 影像中必須有一個主體, 其重要性遠遠超過其他的元素！所以只要空間劃分成任何方向的三等分, 就能幫助攝影者符合前述的要求。

請比較一下這 2 頁的照片。左頁中的構圖就有著 "平手" 的問題, 水平線和垂直線都將畫面 "切" 成同等大小的兩半, 而最大棵的樹木就落於正中央的位置 —— 這種可怕的 50/50 平分法, 只會讓影像整個被 "剖開" 一樣。

遇到這種情況時, 要解決也是相當容易的：只要您將相機稍向右移, 讓最大棵的樹木 "跑到" 畫面的左 1/3 位置, 就能得到更為理想的 66/33 分割構圖。

17-35mm 鏡頭, 光圈 f/22, 快門速度 1/15 秒

奇數與『三』的偏好

您知道嗎？在奇數和偶數之間，人們多半比較喜歡奇數，像在賭城拉斯維加斯的骰子桌上，幸運數字 7 和 11 永遠是最多人選擇的數字，而在奇數中，又以數字 3 最受到歡迎 —— 如三劍客、三騎士、三姊妹、三個臭皮匠、三隻小豬，甚至是 3 個霹靂嬌娃、3 個飛天小女警、唐老鴨的三個姪兒 (Huey, Dewey, Louie)、中國的風塵三俠等。

生活上的用語更是不勝枚舉,如三振出局、梅花三弄、狡兔三窟等，您認為所有這一切，和我們內心所想、雙眼所見的東西有何關聯呢？正如前面所提到的，古希臘人正是想通了這一點，並不斷證明出這樣的偏好就是受到三分法則的影響。

在美國喬治亞州首府亞特蘭大的一處戶外，這 3 個年輕人正在享受這高溫炎熱的夏天，他們不斷地從這個瀑布的位置跳過這淺淺的水道。我將相機架在單腳架上，用了一個『誰在乎』光圈，然後就這樣拍了好幾張照片 —— 在畫面中並沒有考慮任何的構圖方式，只是拍下那純粹的坦率。

80-200mm 鏡頭，光圈 f/11，快門速度 1/250 秒

請注意：這張影像中的 3 支明信片架, 是利用到 HDR 高動態範圍的技巧 (參見 **7-62** 頁)。

雖然在畫面中它們都有著大致相同的高度, 但這是利用鏡頭特性的選擇, 加上視點的位置, 才得以呈現出如此深的景深範圍。

Nikkor 12-24mm 鏡頭 (18mm 焦距), 三腳架, ISO 200, 光圈 f/22, 快門速度：1/8 秒, 1/15 秒, 1/30 秒, 1/60 秒, 1/125 秒, 1/250 秒, 和 1/500 秒

打破規則

請勿將您的拍攝主體置於畫面的正中央，否則會造成僵化的感覺；請勿將地平線放在畫面中央，否則會造成主體曖昧不明，並產生負面的緊張感 —— 而且，無論要拍什麼樣的畫面，都一定要填滿整個畫面。

我愛死這些規則了！我的爸媽可以作證，我一直都很喜歡規則，因為不只是有 "跡" 可循、可遵守，更可以讓我知道那條 "紅線" (警戒線) 在哪；這樣一來，我可以很清楚地知道自己是否已經越了界，也可能會在明知我已經打破了規則，而在一旁沾沾自喜。

我要提醒的是，所有構圖的技巧和原則都會有例外：有時候，把主體放在畫面的正中央才是最好的構圖 (如太陽構圖法)；有時候，直接用地平線把畫面一分為二，卻依然是絕佳的作品...；最重要的是，別太依賴規則！否則一旦您所見的視野和其他人不同時，您可能會因此打退堂鼓，不敢有自信地去『打破規則』。

潮間帶的水窪 (坑)、大雨過後的積水、池塘或湖泊本身，往往都需將畫面一分為二，才能同時拍出水中倒影的虛實世界，但卻也違背了 "請勿將地平線放在畫面中央" 的構圖鐵則！

上圖中，我雖然將畫面分成了上下兩半，但還是有依循三分法則：上方是天空，中間是牛群和地面，底部是倒影。

17-35mm 鏡頭，光圈 f/16，快門速度 1/30 秒

為什麼我沒成為一位野生動物攝影師？因為那需要耐心，十足的耐心！但當他們都還停留在原地屏息以待的同時，我已經十分不耐煩地來回踱步了 —— 這也就是為什麼在過去 30 幾年的攝影生涯中，雖然我也會跟著大家出去拍生態，但都只在籠子裡，或睡著的，或在餵鳥器附近的 (只有一次例外，就是去拍阿拉斯加拍棕熊的那次)。

在蒙大拿州西部的一處草叢間遇到這頭麋鹿，對牠或對我而言，都算是個 "意外" (其實是我驚醒到牠了)！當我無意間發現牠後，立刻便拿起相機拍攝 —— 幸運的是，當時牠有點 "傻住" 了、愣在那不動，不過很快地，牠就清楚地意識到我的存在，並像逃命似的狂奔而去。

不過很顯然的，這頭麋鹿被放在畫面的正中央 (打破了 "不能放在正中央" 的鐵則)，但牠幾乎佔去了整幅影像的絕大部分，更重要的是，牠那如天鵝絨般的鹿茸會將視線往外拉，因此這樣的構圖反而讓您感覺到一種正中靶心的視覺效果。

Nikkor 300mm 鏡頭，柯達 ISO64 正片，光圈 f/5.6，快門速度 1/250 秒

這張我到目前為止最喜歡的照片之一，理由是因為它所傳達的一種感覺：無視、冷漠、甚至是 "反叛"！事實上，畫面中的鸚鵡就是擺這樣的姿勢，我發誓我並沒有刻意去 "做" 什麼，好讓中間的鸚鵡掉頭背對著鏡頭 —— 正如我自己常說的：「是什麼，拍什麼，拍什麼，就是什麼」。

但天啊～ 這張照片卻沒有遵守三分法則：鳥的身體遠超過了上 1/3 和下 1/3 的位置，但我確信，把這 5 隻鸚鵡的身軀放在正中央 (彷彿有條平行線從中穿過) 位置，是最佳的構圖畫面 —— 換言之，規則是規則，但不能 "拿雞毛當令箭"，否則，若只知道硬套規則，您的攝影技術就永遠不會進步！

70-180mm 鏡頭 (160mm 焦距)，光圈 f/5.6，快門速度 1/250 秒

避免重疊

部分攝影者常會在匆忙間就按下快門, 結果不知不覺地就把主體 "重疊" 或 "合併" 起來了, 等事後檢查影像才發現時, 已經沒辦法再回過頭去補拍了。

所以, 要避免主體被重疊到, 首先就是放慢您的攝影節奏 (腳步), 從觀景窗中真正看到發生了什麼事情；同時訓練您自己的眼睛, 看看能否看出拍攝主體中有任何不對勁的地方 —— 如一顆樹從主體的頭部 "冒" 了出來。

這就是為什麼我不當個野生動物攝影師的原因, 因為那真的需要十足的耐心啊！

當然, 這裡的牧牛並不會太 "野生", 但牠們仍然是動物, 而且就像小 Baby 一樣、根本不聽從使喚, 您也無法預測牠們下一秒的動作 —— 所以, 儘管我不斷地嘶吼、大叫, 但右下方地這 2 頭乳牛 (左頁圖) 說不走就是不走！

最後, 我只好 "投降" —— 迫不得已只好等了！並希望牠們真能分開；大約過了 15 分鐘之後, 總算成功地讓我拍到了 (上圖)；儘管如此, 這樣的等待還是值回票價的, 因為我獲得了一張更簡潔的構圖。

刻意重疊

在某些情況下, 您會想故意地把 2 個主體或元素 "重疊" 在一起, 這有時是為了能讓人會心一笑, 有時是為了讓視覺抽象化 —— 成功重疊在一起的真正目的, 就是要造成視覺上短暫的迷失感。

在某一次接案的休息時間裡, 我和這位美術指導正繞著瑞士日內瓦湖散步, 接著我看到湖中的噴泉, 於是便請他對著相機做出噘嘴的姿勢 —— 因為當畫面重疊起來時, 就好像是從他口中 "吹" 出噴泉一樣。

80-200mm 鏡頭, 三腳架, 光圈 f/22, 快門速度 1/30 秒, 光圈先決模式

當我們住在法國時，席琳總會過來幫忙照顧我的兩個女兒，她雖然也喜歡那種 "年輕的造型"，但這天下午天雨濛濛，實在不知該拍什麼好。所以我就讓席琳站在汽車的擋風玻璃前，並請她張開雙臂，然後我透過玻璃的雨滴拍出一幅較具抽象化的形象 (下圖)。

拍了幾張之後，我突然心念一動，故意將幾個較大的雨滴和她的眼睛 "重疊" 在一起 (上圖)，這雖然不是自然發生的重疊，但效果卻還是讓人感到毛骨悚然、寢食難安 —— 後來席琳來照看我女兒時，她們有一陣子都躲得遠遠的，害怕喚醒她們口中的 "魔鬼"。

35-70mm 鏡頭 (35mm 焦距)，ISO 100，光圈 f/8，快門速度 1/30 秒

框中框

儘管相機的觀景窗可幫助您框出最佳的構圖, 但另一個更有效的方法, 就是利用前景物體 "框" 住背景的主體, 這種構圖技巧就叫做『框中框』(外框加內框)。

想成功拍出框中框的作品, 要特別注意前景的物體 (外框) 不可以太 "搶眼", 除此之外, 您應該自己問自己幾個問題:如果我去除外框的前景主體, 會錯失些什麼嗎?用框中框是否會讓作品加分、還是減分呢?如果答案是負面的、否定的, 那麼就不要用這個技巧, 以免 "弄巧成拙", 沒達到襯托主體的效果。

再也沒有任何一個自然的『框中框』景色，能比得上美國猶他州的拱門國家公園 (Arches National Park) 了！就如同許多攝影者一樣，我也是在清晨時分就長途跋涉到這個拱岩窗 (Window Arch) 面前，拍攝這個聞名遐邇的框中框構圖。我也另外拍了一張直幅的畫面 (左頁圖)，但卻絲毫沒有吸引力，因為畫面上方出現了天空，也讓觀看者的視線有機會從主體上面 "逃" 了出去，所以在這裡真正成功的構圖，有很大一部分是來自於 "框住" 的概念。

兩張照片：35-70mm 鏡頭 (35mm 焦距)，光圈 f/16，快門速度 1/60 秒

留心畫面的邊緣

許多攝影者常會犯 "隧道視野" (譯註：意近 "以管窺天") 的錯誤，他們在構圖時，會把關注的重點主體放在畫面中央，但卻忘了一張影像同樣需要邊界 —— 有了清楚明確的邊緣 (外緣)，才能框住、襯托出主體。構圖中如果缺少明確的邊緣，就如同把一杯牛奶潑灑在桌子上，您得趕在牛奶流出桌邊前趕緊 "圍" 起來；換言之，如果您不想讓觀看者的視線像打翻了牛奶一樣，就必須緊抓住視線的焦點，不要讓目光從畫面的邊緣 "溜走" —— 這才是一幅成功的影像構圖裡，最穩當、最快速的途徑。

探索同一主體

對我而言，拍出一張成功的構圖應該易如反掌吧？在這 30 幾年的攝影生涯中，有時是可以，但更多的時候卻不是這樣想 —— 我覺得自己就像是一位雕刻家在鑿刻一塊石頭般，需要不斷地拍攝同一主體，才能抓到箇中奧妙。

在拍攝時，雖然我心中已經 "看到" 最終的結果，但還是得經過不斷地 "雕琢" 才能達到！或許得改變取景角度、改變視點、改變焦段、或是等待最佳時刻；但有時可能只需簡單地調整曝光、限制或增加景深、改變快門速度等，就能達到預期的效果。

當然，您還是要**再次檢查**是否有令人分心的背景、是否會喧賓奪主；而同樣重要的是，要隨時有打破規則的準備 —— 即使您必須重新構圖、重新安排畫面、甚至 "翻盤" 整個重來！

這裡的照片和後 2 頁的照片全都是在拍攝相同的薰衣草花田, 我在這裡待了至少 3 天, 而這正好用來解釋本節的重點 —— 探索同一主體。

我可以用多少種方法來拍這棵孤立的樹？比方說趴在花田中、用廣角鏡頭帶出遠方的樹, 雖然這棵樹會被推得很遠、很小, 但卻可以讓我看到、感受到整片薰衣草花田的遼闊。

此外, 我還可以用不同的鏡頭、取景角度, 甚至用不同的構圖手法來拍, 像地平線該是放在畫面的上 1/3 處還是下 1/3 處呢？我可以決定我所想拍的、要拍的、喜歡拍的 —— 請記住, 因為我在探索同一主體！

兩張照片：Nikkor 12-24mm 鏡頭 (12mm 焦距), ISO 100, 光圈 f/22, 快門速度 1/80 秒

Nikkor 35-70mm 鏡頭 (50mm 焦距), ISO 100, 光圈 f/8, 快門速度 1/500 秒

Nikkor 70-200mm 鏡頭 (135mm 焦距), ISO 100, 光圈 f/22, 快門速度 1/80 秒

從廣角鏡頭改成 70-200mm 望遠鏡頭, 馬上就有截然不同的畫面：一個充滿壓縮感的生動色彩, 連薰衣草花田的花香味都似乎聞得出來。

最後, 我從租來的卡車車頂上, 用一個如同鳥瞰的視角, 來捕捉這強烈的線條與色彩 —— 上圖這張或許並不是 "最好" 的畫面, 但集合這些影像後, 每一幅就像是一個獨立的個體般各有特色, 因為這是我耗費時間和精力所 "探索" 出來的主題。

畫面裡的畫面

下面這樣的情景總是一再的上演：當某位學生拍出一張成功的作品後，往往就開始準備撤收、或移往下一個地點；但幾乎沒有例外的，每張照片中其實都還有另一個畫面等著您去 "看" 出來 —— 如果您真的希望拍出更多精采的攝影作品，那麼就請在拍攝的主體面前多待一點時間。

在荷蘭一個小鎮的橋上，我用 3 座風車和運河為景，正準備拍下這幅夕陽西下的照片，但一個男子划著小船突然闖進了畫面之中 (左頁圖)，一開始我差點連 "國罵" 都說出口了，但轉念一想，這不是個絕佳的快門機會嗎？

於是我連拍了好幾張不同取景角度的照片，同時也利用這支望遠鏡頭的焦段，從 80mm 到 200mm 變換好幾個不同的焦距拍攝。

所有照片：Nikkor 80-200mm 鏡頭

左頁圖：光圈 f/16，快門速度 1/125 秒

上圖和左圖：光圈 f/8，快門速度 1/500 秒

動作的構圖法

當您以橫幅畫面捕捉充滿動作感的主體時，無論是要用高速快門或慢速快門，都要記住一個原則，那就是在畫面中預留主體的『移動空間』！

也就是說，您必須讓動作中的主體只佔整個畫面的 2/3，至於該是右邊的 2/3，還是左邊的 2/3，那就得看動作的方向來決定了。

補充 此原則您可在本節和第 4 章的相關照片中看出端倪。

拍攝這場自行車比賽時，我從相機觀景窗中跟隨著主體的動作移動畫面 —— 除了利用搖拍 ("追焦") 技巧外，我還用一個較慢的快門速度，在拍攝過程中將變焦環從 20mm 轉到 35mm (中途變焦法)，就可拍出像這樣放大的爆炸性效果。

20-35mm 鏡頭，光圈 f/22，快門速度 1/4 秒

為了表現出動作感，我想拍出賽馬一躍而過的那一瞬間，所以，如果能從低角度往上仰拍，就能在畫面中表達出強有力的速度與動感。

於是我手持相機，並選擇了光圈先決和連拍模式，接著雙眼緊盯著觀景窗，手指放在快門鈕上，一等到馬匹進入畫面中便按下快門，在高速連拍了 9 張之後，這匹馬早就跑出 "框" 外去了。

在這 9 張當中，我最喜歡的就是下面這張，比較另一張畫面 (左頁圖) 就可以明白，為什麼看到拍攝時機較晚的照片，會讓人有一種受騙或缺了點什麼的感覺 —— 這就好比您正準備要上火車的時候，車門已經關上，火車也不等您就駛離車站了。

17-35mm 鏡頭 (17mm 焦距)，ISO 200，光圈 f/8，快門速度 1/1000 秒

光的重要性

許多立意良善的攝影老師都會對學生們諄諄提點，並強調光的重要性，或甚至說出：「沒有光，就沒有攝影！」但這種 "看到光，然後拍下光" 的教學方式，讓許多踏入攝影的學生們走偏了方向 —— 是我反對光 (的重要性) 嗎？當然不是！我完全認同正確光線所賦予整幅影像的戲劇性和重要性，但更多的情況是太過於看重光，而不是有創造性的正確曝光。

無論您想做什麼、想拍什麼，光都是在那裡，但學生總認為，拍光的方式和拍敘事影像、隔離影像、搖拍影像等是不一樣的 —— 但為何會不一樣呢？有什麼一下子改變了嗎？難道一個完全不同的光圈 / 快門速度設定，只是因為 "光"？

當然不是！正確的曝光組合仍然是光圈、快門速度和 ISO，同時，具創意的正確曝光 (無論有沒有光) 也依舊是一組恰當的光圈、適當的快門速度、和正確的 ISO 值 —— 就我而言，光就好比是蛋糕上那一層美味的糖霜，但它絕不可能、也不會變成蛋糕！

最佳的光線

在哪裡可以找到最佳的光線？有經驗的攝影師都知道一天中最佳的光線不是落在您還在睡覺時 (清晨)，要不然就是與家人朋友吃晚飯的時候 (傍晚，尤其是夏天時) —— 換句話說，若要在光線最好的時段拍照，肯定會打亂您 "正常" 的行程計畫。

但是，除非您願意利用清晨或傍晚的光線來讓照片充滿溫暖、鮮明的調子，否則您的照片便永遠都會是粗糙且反差強烈，這全然是因為在日正當中時攝影所得到的結果 —— 此外，當氣候變化時 (如颱風或雷雨即將來臨的前夕)，伴隨著低角度的晨光或黃昏光線也能產生最佳的光線。

您也得要先知道光的顏色。雖然早晨的光看起來是金色的，但實際上比日落前一小時的金偏橘光來的冷調一些；惡劣的氣候也會影響光的質量與顏色，風暴降臨前的百變天空足以完美展現順光或側光下的風景，而明亮的陰天下所形成的柔和光線與幾乎無陰影的特性，則可以為許多田園景色、花朵以及人像增添典雅的調性。

雪與霧都是單色的，因此拿著紅傘的行人這類主題便很容易被突顯。同時，記得去感受不同季節時光線的變化，夏天高掛在天際刺目的正午陽光，與冬日低斜的日光不同，而在春天時，鄉間清透的光線讓植物上的芽產生了精緻的色彩與調性，相同的光線也增添了秋天荒涼景致的獨特感。

為了拍攝這畫面，我走到羅馬西班牙廣場 (Piazza di Spagna) 附近的台階高點，把相機固定於三腳架上，但在這之前已經連下了 3 天雨，我覺得如果能有些光的話，這將是一張不可多得的好照片。

隔天，天氣終於放晴了，於是我在下午過後再度回到同一地點，很幸運的，我終於拍到先前一直在等待的光 —— 在逆光下整個街道彷彿籠罩在溫暖的色調中。

兩張照片：80-200mm 鏡頭 (200mm 焦距)

左圖：光圈 f/22, 1/60 秒

右圖：光圈 f/22, 1/15 秒

拍攝這張荷蘭堤岸上的荷蘭榆樹的照片時 (上圖), 我的感覺好極了：傍晚時的光線穿過原野開始散發出溫暖的光輝, 而我正好在這裡捕捉這一切；但 2 天後我又再度看到這個景色, 光線更為戲劇化, 我才知道這張照片可以拍的更好 —— 這一次我可以以即將來臨的猛烈暴風雨為背景來拍攝這片景色 (左圖)。

這 2 張照片的曝光條件都相同, 也都使用相同的鏡頭焦段, 唯一不同的是灑在蛋糕上的「糖霜」 —— 也就是光, 這讓這兩幅影像呈現了驚人不同的結果；然而, 決定想要做哪一種蛋糕還是非常重要的：在這個例子中, 選擇正確的光圈值是最重要的決定因素。

兩張照片：20-35mm 鏡頭 (20mm 焦距), 光圈 f/16, 快門速度 1/125 秒

從這 2 張拍攝舊金山布萊恩特公園 (Bryant Park) 的範例中, 就可清楚看出白天和黃昏時段在光線上的顏色差異。

為了得到足夠的景深, 白天這張 (上圖) 我把光圈縮到 f/22, 並調整快門速度到 1/60 秒。至於黃昏這張 (下圖) 一開始我先用 f/2.8 對著天空測光, 此時快門速度為 1/4 秒；但我還是需要有相同的景深, 因此我將光圈縮到 f/22 —— 等於縮了 6 級光圈 (f/2.8 → f/4 → f/5.6 → f/8 → f/11 → f/16 → f/22), 所以快門速度也必須放慢 6 級 (1/4 → 1/2 → 1" → 2" → 4" → 8" → 15"), 即為 15 秒。

兩張照片：80-200mm 鏡頭 (200mm 焦距)

上圖：光圈 f/22, 快門速度 1/60 秒

下圖：光圈 f/22, 快門速度 15 秒

練習 exercise

探索光線

您可以在家中附近做這個練習 (無論您是住在鄉村或都市、獨棟或公寓)：任選一個主體，如街上的房子、樹木、或鄰近的城市，然後再接下來的 12 個月裡，持續地記錄一整年季節變換以及角度不斷移轉的光線 —— 每週拍個幾張，往東、西、南、北面都拍一些，並且在晨間、正中午以及傍晚都拍一些；因為這是個練習，所以不要太在意構圖方式。

經過 12 個月之後，將這些成果攤在您眼前，此時您已經累積了對光的知識以及洞察力，而這是少數攝影者 (或業餘攝影師) 所擁有的 —— 能夠使用、與運用光線絕非攝影者的天賦！他們只是懂得光線，因而使自己能夠得到捕獲到正確光線時所留下的 "禮物"。

另一個不錯的練習方式，是在您下一個假期試著去探索光線的變化，只要一天，在破曉前起床並且拍攝日出這一小時的景物，然後接著在下午拍攝一些照片，時間大約是日落前幾小時到日落後 20 分鐘左右 —— 仔細觀察低角度的順光如何造成均衡的照明，側光如何產生立體的效果，以及強烈的逆光如何創造出剪影。當然了，請特別注意黃昏時候的光，此時的光線較微弱、卻又瞬息萬變，只要您能把握住這樣一個快門機會，您就可以拍出比白天更富麗堂皇的影像。

一個攝影者要能利用光線成為自己在影像創作上的好幫手，除了要了解光，更要能正確的『用光』，才能讓這上天賜予的禮物成就自己的攝影。

這一系列的照片是拍攝於法國博若萊 (Beaujolais) 不同季節的同一個場景，不過您可以會覺得奇怪，因為每個季節的照片的光線好像都差不多 —— 因為我總是挑選一個陽光明媚的日子回去拍照。

80-200mm 鏡頭，三腳架，光圈 f/16，快門速度 1/125 秒

順光

就像前面所說的, 在不同的時間、不同的季節, 會有不同的光線效果, 所以光的方向也是如此, 以下就讓我們從順光開始講起。

所謂**順光**, 意指朝主體正前方照射過去的光線 (也就是從您身後直接 "打" 在主體上的光), 由於它多半能均勻地照亮主體, 因此許多攝影者往往會認為這是最簡單控制並且測光的光線, 特別是在拍攝帶有藍天的風景時更是如此。

難道順光真的如此好運用? 不會造成任何曝光上的挑戰? 也許對測光而言不是個大問題, 但對於您的耐力以及熱愛的程度或許會是個考驗。

舉例來說, 您會不會介意一大早就起床或者在外頭待到很晚? 最佳品質與顏色的順光, 多半都是出現在日出之後的一個小時內、以及日落前的幾個鐘頭, 此時和煦的金橘色光芒總會讓觀看者感到溫暖, 拍出來的照片也會更漂亮。

我手持相機，並用 20-35mm 鏡頭的 24mm 焦段來拍攝這片芥菜田，光圈設定在 f/22，並用鏡頭上的景深表尺來設定焦距，以確保影像從近到遠都能保持清晰。

緊接著，我將相機設定為手動模式，對著天空測光，並得到 1/60 秒的快門速度，之後再重新構圖拍下這張照片。

20-35mm 鏡頭 (24mm 焦距)，光圈 f/22，快門速度 1/60 秒

這 2 張照片都是在順光條件下拍攝的，但卻是各自在不同的時間點：左邊這張普羅旺斯的薰衣草農夫是拍攝於溫暖的下午陽光，而右邊這張黃金礦工的主要魅力，則是來自於他那親切的笑容和金黃色的早晨光 —— 這是值得讓人一大早起床的絕佳例子之一。

兩張照片：80-200mm 鏡頭 (200mm 焦距)

左頁圖：光圈 f/5.6，快門速度 1/500 秒

左圖：Nikon F5，光圈 f/5.6，快門速度 1/400 秒，使用柯達 E100VS 軟片

陰天和下雨天

在攝影者所面臨的各種光照條件下, 陰天、或陰雨天, 可說是最安全的光線 (至少在曝光這方面), 這是因為陰天時的順光會均勻地照亮物體, 這使得測光變得非常簡單 —— 當然, 這樣的假設並不適用於拍攝陰天下的風景照, 如果是拍風景的話, 則在曝光和構圖上就需要多加注意了 (如使用漸層減光鏡等)。

陰天下的光線 (無論有無下雨) 對那些消費型的自動曝光相機也是游刃有餘的, 因為現場整體的明亮度都很均勻, 這樣柔和的光線很適合拍出更自然的人像照或色彩飽和的花卉特寫, 同時也避免了在大太陽下因明暗反差過大, 而讓黑的死黑、白的死白。

此外, 在陰天這樣的天候條件下, 我經常會使用自動曝光模式、光圈先決模式 (當需要控制景深時)、或是快門先決模式 (凍結動作或追焦時)。

陰雨天, 森林天!

您經常覺得在樹林間拍照, 卻受挫於明暗反差過大的問題嗎? 那就在陰天或陰雨天的時候去拍吧! 在大晴天的時候, 反而是樹林裡條件最差的時候, 因為亮光和陰影的對比往往是最極端的, 如果不使用包圍曝光, 根本就拍不出一張成功的照片。

另外, 到林間拍照可別忘了裝上偏光鏡! 尤其是在陰雨天, 偏光鏡可消除 (或降低) 物體表面因雨濕滑的反光或眩光, 進而提升影像的色彩飽和度; 雨天同時也是城市的 "魔幻" 時間, 不僅各種顏色的雨傘滿街都是, 地面上更是 "倒影" 愛好者的天堂呢!

就像在晴天的日子到樹林裡拍照，會拍出反差過大的影像，這情況套用在拍花時也會遇到同樣的問題；所以，陰天是拍攝花朵特寫照的最佳天氣 (除非您想打閃燈)，曝光設定也會容易得多 —— 您大可放心地用光圈先決模式給它拍下去，就對啦！

Nikkor 300mm 鏡頭，36mm 接寫環，ISO 100，光圈 f/5.6，快門速度 1/160 秒

即使是陰天，漫射的順光還是讓畫面中的色彩變得明亮起來，這裡的曝光非常容易 —— 為了呈現出動作感，我手持相機，由左而右地讓鏡頭跟隨著路上行人一起移動。

70-200mm 鏡頭，ISO 100，光圈 f/11，快門速度 1/30 秒

有次我開著車到德國鄉下去時，卻發現車子沒油了，我只好把車停在畫面中這位女士的農場前面，而她則慷慨地給了我好幾公升的汽油，好讓我繼續上路；但在此之前，我心知肚明這是有 "代價" 的 —— 後來我共花了 5 個多小時和她聊起在農場上的生活點滴，還留下來讓她招待了一頓午餐 (Orz)...

在這張照片中，由於陰天淡化了陰影和明暗反差，再加上板凳是緊靠著牆壁的 (代表景深在這裡無關緊要)，所以我使用光圈先決模式，並選擇了「誰在乎」的光圈值，並由相機自己測定一組適當的快門速度。

80-200mm 鏡頭 (100mm 焦距)，光圈 f/11，快門速度 1/60 秒

35-70mm 鏡頭, 光圈 f/11, 快門速度 1/30 秒

小心：灰色天空

在陰雨天下拍照時, 我常會建議取景時不要納入太多的灰色天空, 這倒不是因為沉悶的天空會影響構圖 —— 即使天空再怎麼搶眼, 您可能還是會覺得它在這畫面中是多餘的, 為什麼呢?很簡單, 因為從枝葉的翠綠到一片慘白的天空, 這樣的反差太過強烈, 情緒的轉變也太極端了。

話雖如此, 但只要在一定的條件和您的精心布局下, 即使是灰濛濛的天空也是有可能成功的!像在這裡 (上圖), 空氣中淡淡的晨霧和照亮羊群與草地的金色陽光, 襯映著此刻平靜無波的水面 —— 乍看下似乎是 50/50 的分割比例, 但其實還是遵循著三分法則的構圖技巧, 實景位於上 1/3 處, 而水中的倒影 (虛景) 則位於下 1/3 處。

此外, 我也可以用更廣的焦段來納入更多的羊群和景物, 但為了平衡起見, 我只框選了 3 棵樹木 (又是魔術數字 3);組合以上這些構圖元素, 才 "打敗" 了原本是灰濛濛的天氣, 拍攝出一張成功的作品。

在寒冷有雨的夜晚，我很懊惱在朋友的生日派對上，我送上的第一個 "驚喜" 竟然是因為塞車而要遲到快 1 個小時！但此時我也不可能舉杯狂飲，因為很明顯地，我還陷在車陣當中，現在唯一能做的，大概只有盡量讓自己保持愉悅的心情。

所以我拿出 Leica D-Lux 3 隨身機，用了一個光圈 f/8 和最低的 ISO 值 (ISO 100)，得到正確曝光的快門速度 1/8 秒；在慢慢地按下快門鈕的同時，我極輕微地移動了一下手臂，好拍出細微的動作感 (藉由動作來傳達出我當下的挫折感) —— 在拍了 7 次之後，我終於拍出一張成功的 "城市駕駛之夜"！

Leica D-Lux 3 (28mm 焦距)，ISO 100，光圈 f/8，快門速度 1/8 秒

彩虹

如果您不喜歡雨天，那就很難有計畫性地去拍彩虹，因為彩虹可說是所有攝影題材中最具有挑戰性的，為什麼呢？

其中一個原因，是因為天候條件絕對不佳 (或甚至惡劣)，而大部分攝影人都不想在這時候去拍照；此外，想拍到彩虹還得看看運氣 —— 如果東邊的雲散開了，同時早上的太陽光正巧照射在西邊有雨的天空；或是西邊的雲散開了，同時下午的太陽光正好照射在東邊有雨的空天。

還有一點，當您終於遇上彩虹，請記得一定要使用**偏光鏡**，因為這樣才能強化彩虹的色彩飽和度；此外，多利用廣角鏡頭和「誰在乎」光圈，因為所有的景物都落在相同的焦平面 (無限遠處) 上 —— 而您不僅要拍彩虹，還包括下面的地景。

在法國里昂地區，春天是個很神奇的季節，因為此時的天候正值交替時刻，冬天強烈的冷氣團隨時會南下和春天的暖氣團 "大車拼"；當暴風停歇、清晨的太陽露出臉來時，往往就會有彩虹出現在天際。

此時，我將相機設在光圈先決模式，然後簡單地將光圈設為 f/11，握穩、對焦、然後拍攝 —— 當然，我也有用到偏光鏡。

Nikkor 17-55mm 鏡頭 (17mm 焦距)，使用偏光鏡，ISO 100，光圈 f/11，快門速度 1/125 秒，光圈先決模式

這天在法國阿爾卑斯山的天候條件完全符合出現彩虹的要件：在我身後是晴朗的天空，而我面前則是整大片的烏雲。當第一道彩虹出現時，我立刻從車上跳下，手持握著相機，並確認有包括地景上的小村落，藉以傳達出場景的規模和戲劇性。

拍完後，我滿心歡喜的離開，我知道今日即使一整天都 "關機" 不拍了，我還是會覺得相當成功 —— 當您拍到彩虹的時候，就會是這種感覺！

17-55mm 鏡頭 (55mm 焦距)，使用偏光鏡，ISO 100，光圈 f/11，快門速度 1/125 秒

側光

順光或在陰天下所拍的照片通常都太過 "平面" 了 (即使景物是有縱深的), 所以如果想要表現出立體感, 就必須有亮部和陰影, 換言之, 您需要用**側光** —— 即光線打在主體的側面。

側光會照亮被攝主體的一半, 而讓另外一半留在陰影中, 這種亮暗的對比會造成深度上的錯覺, 於是乎便可表現出立體的質感 —— 在早晨和傍晚時分, 或是朝南、朝北面向時, 您就可發現最多這種側光的主體。

事實上, 側光是最具變化性的光源, 被覆蓋在側光下的拍攝對象, 可以表現出欺瞞、危險、隱私、親密和陰謀的意味;此外, 光影之間的互動, 揭露也定義畫面的表現形式 —— 如拍攝對象的半邊臉或身體處在光亮中, 但另一邊卻在陰影裡的時候。

側光也負責將主題外表的紋理表現出來, 像是粗糙的手掌與佈滿皺紋的臉龐, 在側光的照射下, 會更令人 "感覺" 深刻。對許多攝影者而言, 由於光與影的緊密結合, 側光已經被公認為最具挑戰性的測光環境, 但是, 這個光線也提供了最好的拍攝機會 —— 許多專業攝影師也會同意, 比起順光或逆光, 在側光下的主體能引起觀者更大的反應, 因為這樣的光線所建構的畫面能夠模擬他們眼睛所見的立體世界。

當被攝主體的紋理被側光照射時, 其紋理的強度就會增強百倍 —— 即使如沙地足跡這樣簡單的東西, 當它被夕陽以低角度的側向光照射時, 就會給人栩栩如生的感覺。

在這張照片中, 我將相機安裝在三腳架上, 光圈設定為 f/8, 並讓相機自己決定快門速度。

18-70mm 鏡頭, 光圈 f/8, 快門速度 1/180 秒

35mm 鏡頭，光圈 f/8，快門速度 1/30 秒

當我的拍攝空間有限，我經常會選擇廣角鏡頭，就像幾年前我在這家中國茶館拍照的經驗。由於我想要拍下這個人的全身照，但我發現自己身處在一個非常狹小的房間裡，於是我蹲了下來，並改用 35mm 的廣角鏡頭。

當時，外頭的陽光穿過右邊的窗框灑進房間，光線變成了柔和的擴散光；於是我以綠色牆壁進行測光，光圈調到 f/8，並調整快門速度到正確曝光的 1/30 秒，最後重新構圖、拍攝。

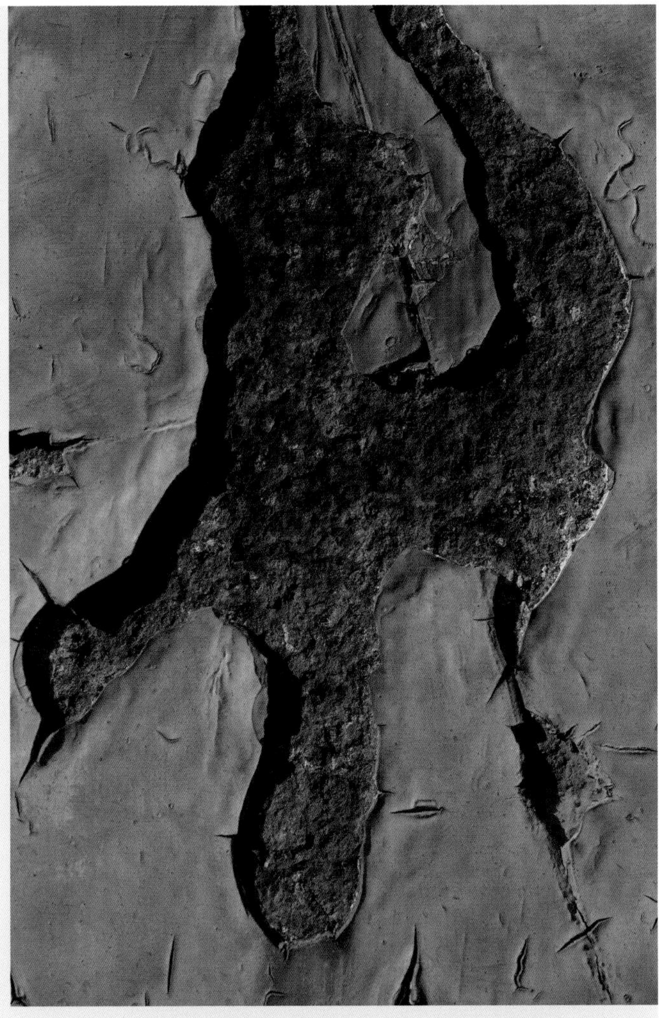

當側光照射在主體上時，其突顯的紋理細節將可創造 (或提升) 立體感，或讓主體變得更粗糙或更平滑、更清晰或更模糊。

在這 2 頁的圖組中，一個是門上的鏽蝕，另一個則是楓葉，但同樣的是，當側光灑落時，兩者都呈現出三維空間的立體感。然而，一旦雲層暫時遮住了陽光，這鏽蝕痕跡的 3D 效果也立刻消失；同樣的，當我用反光板擋住太陽光時，楓葉上每個層次的紋理細節是變得更豐富了，但整體的立體感卻遠遜於徜徉於低角度的側光時。

所有照片：ISO 200，光圈 f/11，快門速度 1/320 秒
上圖：Nikkor 200mm 鏡頭
右頁圖：Nikkor 35-70mm 鏡頭 (35mm 焦距)

逆光

逆光的光源是位於**主體的正後方**, 並照向攝影者和主體背面 —— 這麼說好了, 當您在拍照時, 若太陽會 "直接" 照進您的眼睛, 那麼被攝主體就是處在逆光的位置。

在這 3 種主要的光線條件 (順光、側光、逆光) 中, 逆光不是帶來驚喜就是失望。

逆光下最吸引人的效果就是**剪影**, 您還記得第一次拍到剪影的照片嗎?如果您跟大部分的攝影者一樣, 那麼這一定是意外拍到的, 雖然剪影可能是最熱門的影像類型之一, 但許多攝影者都沒有做到正確的曝光 —— 而這通常跟鏡頭選擇和測光方式有關。

例如, 當您使用像 200mm 這種望遠鏡頭, 您就必需知道該以何點為測光點, 因為望遠鏡頭會 "放大" 日出或日落時的明亮背景, 而讓測光錶誤以為場景過度明亮;如果以這樣的測光值來曝光, 您便會得到一顆大紅球般的太陽, 而其他部分則是漆黑一片 —— 不管在這強烈逆光前的主體是什麼, 都會被這一片黑暗給吞噬。

為了避免這個情況, 在用望遠鏡頭時請先朝太陽旁邊的天空測光, 然後手動設定曝光值 (如果是在自動曝光模式下, 那就使用自動曝光鎖)。

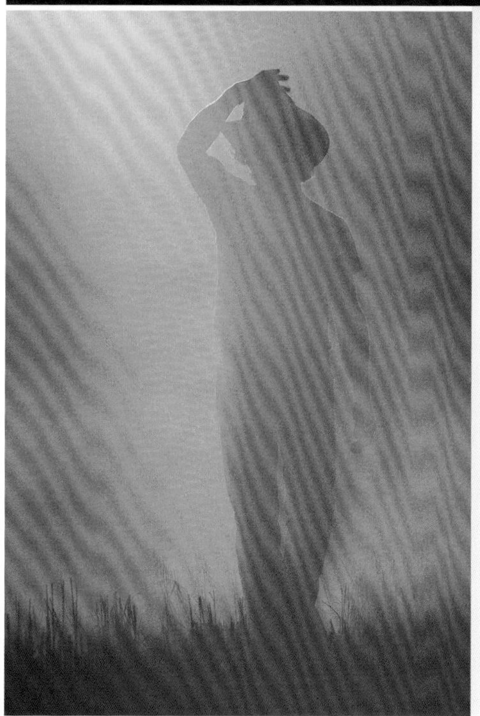

當朝陽剛從索諾瑪谷地 (Sonoma Valley) 一處橡樹林中升起不久, 我立即對焦在最前面這棵樹上, 並移動視角、好讓陽光只從樹縫中露出一點光芒 (如上圖) —— 那我是以哪裡當作測光基準呢？答案是落在橡樹後面地上的光。

至於左邊這張照片, 則是在 "哈囉, 你好啊！" 這樣一句溫暖的問候語中所拍下的, 那時我正替這位年輕人的父執輩們, 拍攝用大型收割機收割小麥的照片；所以當聽到他打手機給我的鈴聲響起, 我便回頭朝向下午強烈的逆光, 並將他和周圍空氣裡的塵埃拍成一幅剪影形狀的影像 —— 這裡的曝光並不複雜, 由於逆光的光線佈滿了整個畫面, 所以即便是用自動曝光模式直接拍也沒問題。

上圖：20-35mm 鏡頭 (20mm 焦距), 光圈 f/16, 快門速度 1/250 秒

左圖：300mm 鏡頭, 光圈 f/16, 快門速度 1/250 秒

非剪影的逆光照

正如前面所提到的, 當逆光拍攝時, 大部分的景物 (如人、樹、或建築等) 都會變成黑色的剪影, 但對許多透明、或半透明的主體 (如羽毛或花朵) 就不是這樣了 —— 它們在逆光的照耀下, 看起來就好像會發光一樣。

另一方面, 有時您可能不想讓逆光主體變成剪影, 而是想維持住原本的形體和紋路, 這種也算。

為了不讓逆光人像拍成黑壓壓的 "輪廓照", 失去模特兒臉上的所有細節, 我先把鏡頭焦段推到 200mm 端 (光圈為 f/5.6), 讓整個人臉占滿整個畫面, 並取得正確的測光讀數, 之後再重新構圖成您所看到的這張照片。

現在, 測光錶不斷地提醒我過曝 1 1/2 級, 那是因為它把四周明亮的逆光也加入計算, 所以請直接忽略它的警告, 並依照最初的曝光設定按下快門即可。

Nikon F5, 80-200mm 鏡頭 (200mm 焦距), 光圈 f/5.6, 快門速度 1/125 秒, 使用柯達 E100VS 軟片

由於花瓣是半透明的，所以這幾朵長在奧勒岡州樹林裡的螺耳橘似乎會發光一般，而不像它們身後的樹木全都變成了剪影；於是我趴下來用低視角來拍攝，這樣我才能將半透明的花朵和樹木的剪影都表現出來，雖然這幅照片曝光看起來有點困難，但其實並不然。

我拿起相機，將焦距設為 20mm、光圈則設為 f/22，接著貼近花朵、調整位置，好讓其中一朵花擋住太陽 —— 在此同時，我迅速調整快門速度到顯示為正確曝光的 1/125 秒。

在真正按下快門之前，我又稍微移動一下位置，讓陽光剛好可從花瓣間透出來，並成為整體構圖的一部份。

20-35mm 鏡頭 (20mm 焦距)，光圈 f/22，快門速度 1/125 秒

逆光和反光板

如果您不想把逆光主體拍成剪影，一個辦法是利用電子閃光燈補光，但假如您還是不想用人工光源，那就試試反光板吧！

雖然在光圈先決模式下，我是相信 Nikon 測光系統所得到的影像，不過一旦現場光線有些複雜，相機的測光錶還是有可能被 "愚弄"，而拍出曝光不足或過度曝光的照片 —— 當然了，Photoshop 是可以修正曝光，但我還是寧願在相機上搞定它，也不要花時間在電腦上做後製。

這就是反光板最主要的功用了！反光板是一片上面覆有白色、金色或銀色布料的圓盤狀物體，材質柔軟能夠彎曲：一個放在直徑約 20 公分拉鏈袋中的反光板，打開後的直徑可擴展到約 70 公分，當您將反光板對向太陽時，它的作用就像鏡子一樣，能將光線反射到被攝主體上。

所以，只要您願意用反光板，它就能讓您增加現場自然光的範圍，而我會說：我願意，因為反光板是 "必要之惡"。沒錯，它幾乎沒什麼重量、很容易攜帶，但它的重要性絕對不下於三腳架 —— 只要您願意，它就會讓您值回票價。

逆光下的戶外人像是非常難曝光的，除非您知道該怎麼測光、及如何使用反光板！

在早上或下午時段拍照時，陽光中帶著些許偏黃的暖色調不僅讓髮絲閃閃發光，還能營造出溫馨、健康的外表，但這樣的環境最容易讓測光錶誤判 —— 如左頁中的最左圖，明明測光錶顯示正確曝光，但還是拍得太黑了 (曝光不足 2 級)。

所以，我讓內人拿著 1 個直徑約 45 公分的反光板，用有金箔的一面對著西邊的天空與太陽 (左頁右圖)，讓金色的光線 "反射" 到她的臉龐，也使得畫面中都充滿了光線 —— 所以我直接用剛剛的曝光設定再拍一張，臉上的曝光就變正確了 (下圖)。

所有照片：光圈 f/5.6，快門速度 1/500 秒，光圈先決模式

逆光下的花朵是另一個 "難" 以曝光的典型例子, 但如果您知道該對哪測光, 知道該把太陽放在哪, 並願意再次使用反光板, 那麼您就可以拍出令人驚豔的照片來。

事實上, 低角度 (貼近地平線) 的逆光能讓花朵 "發光" —— 也只有逆光才有此效果;另外, 我在這強調**低角度**, 因為這類的拍攝機會, 只會出現在日出之後或日落之前。

另外, 反光板也是絕對必需的, 您可以看到這裡有兩張相同曝光、但結果卻完全不同的照片!第 2 張 (右頁圖) 除了有反光板對著前景的主體補光外, 也由於同時有來自逆光 (太陽)、順光 (反光板) 方向的光線, 故能呈現出更多饒富趣味的細節。

兩張照片:Nikon D300, 12-24mm 鏡頭, 三腳架, 光圈 f/16, 快門速度 1/500 秒, 手動曝光模式

陽光 16 法則

假如攝影數位化後會有什麼被忽略的, 那肯定就是所謂的**陽光 16 法則** (Sunny 16 Rule, Sunny f/16 Rule) 了, 這對攝影新手而言也許連聽都沒聽過, 但如果有哪個曝光原則需要重新探討, 那就是它了!

只要您能掌握住陽光 16 法則的竅門, 那麼任何順光或側光場景的測光都難不倒您, 甚至都還沒看到相機測光錶的讀數, 您就知道這個場景需要加個 1/3 級的 EV 值。

使用陽光 16 法則有個大前提:必須是在日出後 1 小時到日落前 1 小時之內的**大晴天**, 這時若光圈定為 f/16, 則可正確曝光的快門速度 (其分母的數字) 會和 ISO 值同步。

依此原則, 當我在晴天下用 ISO 100 拍攝一個順光 (或側光) 的主體, 並希望能拍出正確曝光的影像, 那麼當光圈設在 f/16 時, 快門速度就是 1/100 秒; 若是用 ISO 25 拍同一場景, 則正確的曝光則是 f/16、1/25 秒;如果是用 ISO 400 來拍同一場景, 則正確曝光將會是 f/16、1/400 秒..., 以此類推, 而這就是**陽光 16 法則**。

所以啦, 至少在大晴天的日子裡, 您就再也不用 "瞎朦" 該怎樣曝光了!而且不要忘了, 您現在可是『創意曝光的思想家』, 所以前面這個陽光 16 法則的口訣, 只是 6 種曝光組合的其中 1 種而已 —— 在 ISO 100 的情況下, 光圈 f/16 是 1/100 秒, 那麼光圈 f/22 時就是 1/50 秒, 光圈 f/11 時就是 1/200 秒, 光圈 f/8 時就是 1/400 秒... 等。

是不是很酷呢?但記住了,『陽光 16 法則』顧名思義, 就是只能在 "陽光明媚" 的日子裡才適用, 要是碰上陰雨天或灰濛濛的日子就不準了。

對了, 我忘了我是個很少拍出 "完美曝光" 影像的人, 通常為了讓拍攝主體的色彩更為飽和、濃郁, 我都習慣降個 1/3 ~ 2/3 級的曝光。所以, 當我在早上順著陽光灑落的方向 (順光), 用 ISO 100 朝眼前的花朵和遠方起伏的山巒取景時,我會用 f/22 來取得最大的景深範圍，而依照 "規則" 應該是 1/50 秒，但我通常會選擇 1/60 秒或 1/80 秒 —— 結果是，當我將快門速度設為 1/60 秒，相機測光錶果真顯示為 -1/3EV，真是太神奇了！

為何『陽光 16 法則』無法適用於各種情況？

那麼，為什麼陽光 16 法則不適用於日出前、後的 1 個小時呢？原因很簡單，因為這時太陽的位置太低了、光照不足、場景的亮度也不夠；然而，偏偏這段時間所拍出來的照片最美、最漂亮，所以這時候就得仰賴相機內建的測光錶 (甚至可能的話，還會需要一片 ND 漸層減光鏡) 了！

此外，如果您的鏡頭前面有裝上偏光鏡或其他色彩濾鏡時，陽光 16 法則同樣不適用！例如，當您轉動偏光鏡來拍攝一個側光場景時，在 ISO 100 下用 f/16、1/100 秒是拍不起來的，因為偏光鏡既是 "偏光"，所以通常會降個 2 級左右的光量 —— 亦即，此時的正確曝光將變成 f/16、1/25 秒。

用『陽光 16 法則』來驗證測光錶

利用陽光 16 法則的 "遊戲規則"，您可用來確認相機測光錶的準確性。怎麼做呢？請找一天晴朗的日子，在上午 10 點左右朝著西邊 (或在下午 4 點左右朝著東邊) 找一片最大範圍的藍天，將相機設為光圈先決模式，光圈定在 f/16，那麼此時正確曝光的快門速度該是多少呢？

如果是 ISO 100，那麼相機所測出來的應該在 1/100 秒上下，若是 ISO 200，則應該是 1/200 秒左右，若是 ISO 400，則應該是 1/400 秒左右...，當然了，在 1/3 級到 2/3 級之間的正負落差都是正常的。

但如果這中間的數據相差太大 (比方說，ISO 100、光圈 f/16 時，快門速度為 1/30 秒)，則原因可能是：(1) 測光錶故障了，或 (2) 鏡頭前有裝偏光鏡等濾鏡，或 (3) 在畫面中有個比天空更明顯的主體，如落在陰影區的建築或大樹等。

用『陽光 16 法則』拍出光和影

我總是建議大家從 "黑暗面" 去發掘出那些令人驚訝的光明時刻，而我敢肯定，這樣的想法一定會讓部分精神科醫生搖頭不已 —— 但那只是個攝影曝光的術語，一個想法，卻真能得到令人匪夷所思的影像！此即為本章一開始所說的，**所有**的一切都是光。

人的視覺具有驚人的能力，可同時看到亮與暗，如從刺眼的太陽到黝黑的深谷，甚至在耀眼的光線下，我們依舊可看到其中陰影部分的所有細節。以攝影觀點來說，人眼在掃描現場並形成影像時，至少可涵蓋 16 級的曝光範圍，而傳統底片大約只能記錄 5 級左右 (從亮到暗)，至於數位相機也不過才 7 級左右。

無論哪台相機如何吹捧它可拍下超過 5 或 7 級曝光範圍以上的景物，但亮部依舊 "爆掉"，而暗部也還是太黑；然而，在此我要請您留意一些可用作測光的明亮背景，以及落在陰影範圍內的前景主體 —— 這些絕對都是不可錯失的曝光機會，同時還可套用陽光 16 法則來拍下這些影像。

我和我兒子在日出後 1 小時內抵達美國紐約市的布魯克林區 (Brooklyn), 當時的太陽還不夠高, 所以我們能在身後 12 層樓高的建築物下方, 享受著 "乘涼" 的悠閒。

當賈斯汀演奏著他的吉他, 我則站在他身後, 以對面順光的遠景拍下他的身影；但令人驚訝的是, 這竟是個簡單的『陽光 16 法則』曝光：相機設為手動模式, 光圈定在 f/16, 接著就可以 ISO 100、1/125 秒拍下這張照片。

17-55mm 鏡頭, ISO 100, 光圈 f/16, 快門速度 1/125 秒

我將相機和望遠鏡頭架在三腳架上, 拍下了這名布拉諾 (Burano) 婦女正在晾曬衣服, 而附近居民與廊道恰好落在陰影區的畫面。面對光線如此強烈的側光場景, 我再次利用陽光 16 法則：在 ISO 100 下, 光圈 f/16 可適度增加景深, 而為了讓色彩更飽和, 我希望曝光能降個 1/3 級左右 —— 也就是 1/125 秒。

這張照片最幸運的是, 這個婦女恰巧在晾掛她洗好的衣服, 也讓前景增添了我所需要的趣味點。

70-200mm 鏡頭, ISO 100, 光圈 f/16, 快門速度 1/125 秒

測光錶

正如我前面中所提到的，攝影金三角 (光圈、快門、ISO) 的核心就是測光錶，它也是創意曝光之 "眼"，若沒了測光錶提供的重要資訊，就好像瞎子摸象一樣，沒辦法了解全貌。

當您在大晴天下拍攝順光的主體，但測光錶卻壞了 (或相機的水銀電池沒電了)，那麼陽光 16 法則就成了 "救星" —— 但也只有在有陽光的日子。但這並不代表沒了測光錶的幫忙就沒辦法拍照，畢竟 100 多年前攝影者都無需測光錶就能拍攝，或甚至 30 年前，我也能夠不用測光錶拍照。

近代攝影最大的進步之一，就是全自動相機的誕生，但麻煩的是當這些全自動相機的電池沒電時，不只是測光錶，**整台**相機就都不能用了 (所以一定要多準備幾顆備用電池)！

儘管這是全自動相機的缺點，但不可否認的，如今相機測光錶的靈敏度非常高，以往只要太陽一下山，攝影者們就紛紛回家了，因為那時他們的測光錶沒有辦法對夜間測光；但現在，攝影者們在太陽下山之後還可以繼續拍攝，因為現在即使在夜間也可以得到正確的曝光 —— 如果說有相機中的哪一個裝置破除了無法 24 小時拍攝的藉口，那一定就是測光錶。

測光錶有 2 種類型，一種是獨立的手持式 (入射式) 測光錶，另一種則是內建於相機裡的 (反射式) 測光錶。手持式測光錶是實際 "感測" 照射在主體上的光量，然後您就可根據測光讀數設定光圈以及快門速度；至於內建測光錶則是當您把相機和鏡頭朝向主體時，測光錶就會持續地偵測曝光值的變化 —— 這就是所謂的 TTL (Through The Lens) 測光。

補充 由於 TTL 測光是量測從物體反射而來的光線，故內建測光錶又稱之為**反射式測光錶**。

要對這個在舊金山的順光場景測光實在太簡單了！請注意到太陽的方向：它來自我身後, 並照射在前方的廁所、新娘、和遠處的建築物上, 整個畫面的光線是非常均勻的, 所以這是一張 "抓到就拍" 的曝光 —— 只要使用光圈先決模式, 不管您是要用平均測光、中央重點測光、還是矩陣測光, 都不至於會出什麼大差錯。

17-55mm 鏡頭, 三腳架, 光圈 f/11, 快門速度 1/250 秒

如今, 許多相機都提供了 2 ~ 3 種以上的測光方式, 其中一種是**中央重點測光**, 它會先測量整個畫面的亮度, 但根據畫面中間部分來計算曝光值, 所以請盡量讓被攝主體置於畫面中央 —— 若使用手動曝光模式, 在確定曝光值之後就可以重新構圖;但如果是自動曝光模式, 但您又不想將主體擺在畫面正中央, 您可先按下曝光鎖定鈕後、再重新構圖, 如此一來主體就不會一直在正中央, 而且按下快門時, 也可以得到正確的曝光值。

另一種許多數位相機也都配備的測光方式是**點測光**. 它可以量測到非常窄的角度, 通常是 1 ~ 5 度的範圍左右, 所以, 點測光可以從畫面上非常小的範圍中測得讀數, 而不會被畫面其他亮部或暗部影響。

最後一種是所謂的**矩陣測光** (或稱平均測光), 像Nikon 矩陣測光系統的資料庫裡就有數以千計主題與場景的曝光值, 從白雪覆蓋的雪白山峰到最黑暗的峽谷在範圍之內, 所以當您將相機朝向某個主體時, 矩陣測光系統就會比對出最適當的曝光值 —— 但如果遇到辨認不出來的場景, 就有可能發生 "失誤", 拍出曝光過度或曝光不足的照片。

至於相機內建何種測光模式取決於相機類型, 如果您剛開始玩攝影, 並擁有一台包含好幾種測光模式的相機, 我強烈推薦您只使用**矩陣測光**, 因為這個測光模式是目前公認最可靠的測光系統, 而且缺點比中央重點測光還來的少。

在無數次的攝影旅行中, 我已經看過我的一些學生重複地從中央重點測光模式切換回矩陣測光 —— 毫無意外的, 由於不同測光系統的原理不同, 因此他們所得到結果也會有些微差異, 因此我的學生們常常也不確定該相信哪一種測光模式, 因此就每一種都拍一張;而我從一開始就使用中央重點測光, 而且我就會一直用下去, 如果這方法沒錯, 就不要去修正它!

現代的測光錶有多好呢?中央重點測光以及矩陣測光模式都已經公認有 9 成以上的準確度, 這真是一個令人震驚且讓人充滿信心的數據, 10 張照片中, 有 9 張照片可以得到正確的曝光, 不論是使用手動模式 (我個人的最愛) 或者半自動模式 (如光圈先決或快門先決), 在任何一種測光模式下, 您的主體在順光、側光或者是陰天時, 您都可以簡簡單單地取景、對焦、測光然後按下快門。

除此之外, 我會建議在拍攝時可以多拍一張 -1/3 EV ~ -2/3 EV 的照片, 如此便可提高整體影像的對比與色彩, 而這張多拍的照片可以提供您一個比較的範本，如此一來您就能決定哪一種結果是您比較喜歡的。如果您總是喜歡第 2 種曝光方式，別太驚訝，因為這些輕微的曝光變化常常可以為照片增加一些反差，讓照片看起來更吸引人 —— 以今日成熟的內建測光系統而言，其實不太需要瘋狂的包圍曝光。

相片工業自我第一版書出版以來，已經走了很長一條路，運用現代的自動相機以及內建測光錶，您一定可以拍到許多正確曝光的照片 —— 但是，要如何正確且創意的曝光仍是屬於您自己要去鑽研的課題。

測光錶與 ISO

前面說了那麼多，但如果沒決定好 ISO，測光錶做再多的量測、計算、評估都沒任何意義，因為還是拍不出正確的曝光！

在過去，ISO 是由軟片決定，當您想改變 ISO 就只好換另一卷軟片；到了數位時代，儘管一切技術都在進步，但您還是要告訴測光錶：您用的 ISO 值是多少。

近來，有愈來愈多的 DSLR 都加入了 "ISO AUTO" (ISO 自動) 的功能，當這個功能開啟之後，相機會根據場景的光量自動設定 ISO 值，但我並不推薦使用這個功能，因為相機往往會誤判，而且相機不會知道您想要成為一個 "創意攝影者" —— 而且有些創意，是源自對 ISO 的自主決定。

對我而言，我會建議您將 ISO 設在 200，然而就不要去理它了 (當然，您還是可以隨時做調整)，因為在我所有拍攝的照片中，超過 9 成以上都是用 ISO 200 拍的 —— 因為這可讓我在拍照時少操心一件事！

不像早晨的逆光照, 這張拍攝於墨西哥著名度假勝地坎昆 (Cancun) 的照片中, 則表現出下午時段、順光下不同色調感的波光和海浪——這也是另一種簡單的曝光, 同樣也可以用光圈先決模式來拍攝。

但不管您用哪種拍攝模式, 都應該稍降些曝光值 (如 -1/3 EV) 以獲得更飽和的色彩。此外, 我還希望畫面能從近到遠都能清清楚楚的, 所以光圈必需縮到 f/22, 而且快門速度還不能太慢, 至少得要 1/250 秒才能把海浪清楚地 "凍結" 住 —— 結合這些條件, 就必需把 ISO 拉高到 400 才辦得到。

像這種用望遠鏡頭取景、又希望整個畫面都清楚, 除了用小光圈之外, 另一個拍攝重點就是對焦在畫面的前 1/3 景深處。

18% 反射率

現在，我要揭開一個驚人的 "內幕"：您相機的測光錶 (不管是平均測光、中央重點測光、矩陣或點測光) 其實並不是以生動的色彩或黑與白的方式來 "看見" 這個世界，而是以**中性灰**的方式 —— 即使是您手上的入射式測光錶，也都是假定所有中性灰的物體都會剛好反射 18% 的光線。

這聽起來很簡單，但大多數的情況下，由主體本身所反射的光往往會促成錯誤的曝光值。您可以想像偶然碰見一支黑貓正在一堵白牆前發懶、沐浴在陽光下，如果您走近，以貓咪本身來測光會得到一個測光值；而如果您改以白牆為測光點，那麼測光錶又會給您另一個不同的測光值 —— 雖然場景所接受的光線是均勻的，但不同主體有不同的的反射率，所以得到的測光值也不一樣；以本例來說，白牆會反射大約 36% 的光線，而黑貓則吸收幾乎所有的光線，反射率只有 9%。

因此當要表現白色或黑色時，測光錶便會 "異常" (我的天啊，快響警鈴！我們遇到一個大麻煩)。白色與黑色正好與測光錶在工廠裡「學」的完全不一樣，白色不比黑色灰！這兩種顏色都遠遠超過了中間等級，因此測光錶將這兩種極端當做一般的顏色來看待，也就是中性灰。而您若照著測光錶的讀數來曝光，而不是找對正確的光源來測光，那麼白色以及黑色都會變成不鮮明的灰色。

即使反射率有所不同，要對黑白主體成功測光的方式就是把他們當做中性灰，也就是說，把反射率高達 36% 的白牆當做反射率為 18% 的主體來測光；同樣地，把反射率只有 9% 的黑貓當做反射率為 18% 的主體來測光。

由於這個畫面中有極端的黑白對比, 因此我伸出 "灰卡化" 的手做測光 (詳見後文), 就可得到正確的曝光值；此外, 這也是張典型的「誰在乎」光圈情況, 所以我將光圈設為 f/11, 並將相機置於三腳架上。

另一方面, 場景有著大量白色的牆壁, 所以在測得正確的曝光值之後, 還需要再加個 1 級的曝光 —— 如果正確曝光是 1/200 秒, 那麼 +1 EV 就是 1/100 秒。

Nikkor 35-70mm 鏡頭 (50mm 焦距), ISO 50, 三腳架, 光圈 f/11, 快門速度 1/100 秒

灰卡

當我第一次學習 18% 反射率時，我花了一點時間才搞懂，而讓我釐清這個觀念的工具就是灰卡。大部分的攝影用品店都有販售灰卡，在拍攝明亮或暗沉的主體時可以方便使用，如白色的沙灘、白雪覆蓋的原野、黑色的動物或者黑的發亮的車子等。使用方法是將灰卡放在鏡頭前測量反射在灰卡上的光線，而不是直接將相機對準要拍攝的主體，此時要注意落在灰卡上的光線要與主體的光線一致。

如果您是用自動模式 (A) 或 P、A、S 等半自動模式，在把灰卡移開前要多做一個步驟：在灰卡上測到曝光值之後，記下曝光數據。比如說測光錶測得 f/16 與 1/100 秒是您眼前白雪風景的曝光值，之後再改以這些測光模式測一下眼前的畫面 —— 比如說用光圈先決模式，測光錶或許會測得 f/16 與 1/200 秒的曝光值；而在快門先決模式下，測光錶或許會得到 f/22 以及 1/100 秒的曝光值；在這 2 個測光模式裡，測光值都比使用灰卡相差了一級，因此您還必需設定曝光補償一級。

曝光補償是如此設計的：+2、+1、0、-1、-2 (或是 2X、1X、0、1/2X、1/4X，依相機而定)，用自動曝光模式拍攝雪景時，您必需設定為正補償 +1；相反地，如果是拍攝黑貓或是黑狗，則必需設為負補償 -1。

灰卡運用小技巧！

在您購買了您的灰卡後，您只需要用到它一次，因為之後您身體的某部分就能夠具備這樣的功能，但一開始您還是得依靠灰卡來幫助您。之後您在任何的曝光狀況下感到疑惑，只要對著您的手掌測光即可！我知道您的手掌不是灰卡，但是您可以運用灰卡來 "灰卡化" 您的手掌，而且一旦您完成這個程序，您就可以把灰卡留在家裡了。

要灰卡化您的手掌，將您的灰卡以及相機帶到陽光底下，將光圈設定為 f/8，接著將灰卡充滿整個畫面 (不用準焦沒關係)，調整快門速度直到測光錶顯示為正確曝光；接著，把您的手放到鏡頭前，此時相機的測光錶應該會告訴您過曝 2/3 級 ~ 1 級左右 —— 記下這個數據。然後，到陰影處再重覆上述的步驟，一樣地，換上您的手掌來測光，應該也會過曝 2/3 級 ~ 1 級；不管在怎麼樣的光線條件下做這個實驗，您的手掌都會比灰卡過曝 2/3 級 ~ 1 級。

所以，下次在外面拍攝時，如果您對測光錶的數據沒有信心，以您的手掌為測光點試試看！若測光結果是過曝 2/3 級 ~ 1 級左右，那麼測光錶的數據應該沒什麼大問題。

如果測光錶會被白色或黑色所混淆，那麼您能想像在拍攝斑馬時會有多困擾嘛？事實上，這是最簡單不過的曝光了，為什麼？因為測光錶平均了 2 種顏色，因此反射了正確的 18% 灰 —— 這很像是把同樣份量的白漆與黑漆放進一個籃子裡，攪拌之後就變成了灰色。

因此， 我將相機和 200mm 鏡頭架好，光圈設為 f/11，然後根據測光錶讀數將快門設定為 1/125 秒。

200mm 鏡頭，光圈 f/11，快門速度 1/125 秒

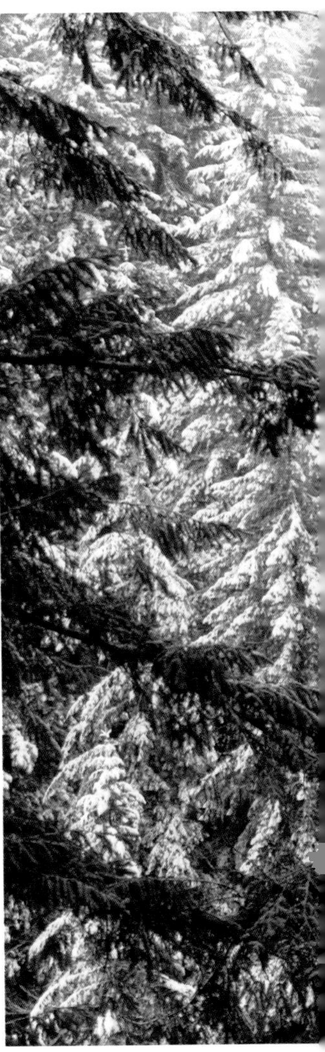

在奧勒岡東邊的高地鄉間, 一場大雪之後, 我很快就發現值得讓我拍幾張照片的好理由 —— 一隻停在小樹枝上的貓頭鷹。於是我換上了望遠鏡頭, 在光圈先決模式下, 我用 f/5.6 來為牠拍張迷人的肖像照, 不過卻有點 "灰濛濛" (曝光不足) 的, 為什麼呢?

很明顯的, 雖然白色場景會反射 36% 的光線, 但相機測光錶還是以 18% 為測光基準, 所以當它遇到白色時, 就會以為現場環境 「太亮」了, 於是乎就降低了曝光量, 所以拍出了曝光不足的影像。所以, 我把灰卡放在鏡頭前, 發現測光錶顯示正確曝光的快門速度為 1/100 秒, 一放下灰卡, 則又跳回 1/200 秒 —— 最後我換到手動曝光模式, 並將快門速度定為 1/100 秒, 如您所見, 雪變回白色的了。

400mm 鏡頭, ISO 64, 光圈 f/5.6, 快門速度 1/100 秒, 使用正片

該張照片是拍攝於美國奧勒岡州威立美谷 (Willamette Valley) 的銀瀑州立公園 (Silver Falls State Park), 而畫面中這條瀑布則是該公園中 10 大瀑布的北瀑布 (North Falls) —— 我用三腳架固定住相機和 105mm 鏡頭, 將光圈縮到 f/32, 並對焦在場景的前 1/3 景深位置所拍到的冬季場景。

在測光方面, 由於當天是陰天, 又下著雪, 所以這也很容易：只需將測光的結果再往上加個 1 級 —— 也就是將測光錶顯示的 1/8 秒改為 1/4 秒, 就能讓 "灰雪" 變成白雪了。

105mm 鏡頭, ISO 64, 光圈 f/32, 快門速度 1/4 秒, 使用正片

天空兄弟

這是個充滿色彩的世界，測光錶在區別各種顏色所反射出來的陰影與色調上，效果非常不錯；然而，除了被黑與白混淆之外，測光錶也會被逆光或大反差迷惑。那麼，難道我們又回到了瞎子摸象的曝光模式嗎？當然不是！對於這些困難及討厭的曝光情況，有一些非常有效率的解決方式：我稱他們為**天空兄弟** (The Sky Brothers) 們。

在陽光明媚的日子裡，**藍天兄弟** (Brother Blue Sky) 是拍攝冬日風景、黑色拉不拉多狗、人像、黃色向日葵特寫以及深紫色薰衣草田的最佳嚮導 —— 這意思就是在拍攝這些場景時，您可以直接對著藍天測光，然後使用這個曝光值來拍攝照片。

當您逆光拍攝日出或日落風景時，**逆光天空兄弟** (Brother Backlit Sky) 就是您的嚮導，拍攝這些景色時，您只要對著太陽的一邊測光，就可以得到您需要的曝光值。

而在拍攝城市或鄉村的黃昏景色時，快呼叫**黃昏天空兄弟** (Brother Dusky Blue Sky)，您就可以用測光錶對著黃昏的天空測光；然後，當您站在海邊或湖邊，看著日出日落的水面反射景色，趕緊呼叫**反射天空兄弟** (Brother Reflecting Sky)，對著水面反射的光線測光就對了。

警告 一旦您呼叫天空兄弟們，相機的測光錶可能會想法子讓您 "注意" 到它！

您會注意到，一旦您運用天空兄弟們來決定曝光時，相機的測光錶就會開始 "碎碎念" —— 但這回請相信我，如果您聽從了測光錶的意見重新調整曝光，那就是回到了起點，又拍到一堆灰色的雪！因此，只要您運用天空兄弟的策略對著天空測光，運用手動模式或者鎖住曝光鎖，不要管測光錶怎麼說您大錯特錯，告訴自己是對的，然後勇敢按下快門吧！

當我對著這片校舍拍下冬天裡的畫面時，如果我依著測光錶所指示的曝光值，結果就得到灰濛濛的雪 (上圖)，到底是怎麼了呢？其實，這就是測光錶對白色主體一定會做的事：把它變成灰的！

但雪是白的啊，所以您必須介入，請出藍天兄弟吧！於是我把光圈設為 f/22，然後對著校舍上方的天空進行測光，並調整快門速度到正確曝光的 1/60 秒；接下來，我重新構圖並按下快門 (下圖) —— 讚！這才是白雪嘛！

想當然爾，這時測光錶又不斷地抗議，說我錯了，但我就把它當成 2 歲嬰兒再亂發脾氣 —— 不管它就是了！

24mm 鏡頭，光圈 f/22，快門速度 1/60 秒

為了要以荷蘭弗里斯蘭某處堤防上的樹影為景，拍出掛在天邊的夕陽照片，我請一位朋友幫忙在這 5 棵樹林間來回慢跑。

接著，我便 "呼叫" 逆光天空兄弟——將光圈設為 f/11，並對著夕陽右邊的天空測光得到 1/250 秒的快門速度，重新構圖之後便拍下這幅影像。

800mm 鏡頭，光圈 f/11，快門速度 1/250 秒

如果紅綠燈 3 個燈號都同時亮起來，形容這種狀況最好的詞彙應該就是 "混亂" 吧！這裡我用了 8 秒的曝光時間，並在在綠燈開始變黃燈的前幾秒就按下快門，如此一來我才能夠同時拍到紅、黃、綠等 3 種顏色——當然，我有用三腳架，同時也藉助黃昏天空兄第做為嚮導，對準遠方的天空進行測光。

80-200mm 鏡頭 (135mm 焦距)，光圈 f/11，快門速度 8 秒

在拍攝這種典型的逆光照時，我習慣對著反射面本身測光，換言之，就是請出反射天空兄弟，然後把相機朝下，對著地平線下方、倒映出天空的水面測光。這裡我不用天空兄弟的原因，是因為天空的亮度比水中反射的天空亮度來得更亮一些，如果您直接對著太陽旁邊的天空測光，那就可能會拍出 -1 1/2 EV 的結果 (如上圖)，明顯地曝光不足；但如果是利用反射天空兄弟 (如下圖)，所拍出來的天空就會稍微過曝 1 1/2 級，但卻也因此讓下半部的反射細節和色彩都更鮮明了。

下圖：Nikon D300, 12-24mm 鏡頭 (14mm 焦距), ISO 200, 光圈 f/22, 快門速度 1/50 秒

綠褲子先生
(天空兄弟們的堂弟)

綠褲子先生 (Mr. Green Jeans) 是天空兄弟們的堂弟，在畫面中有很多綠色 —— 亦即您將會對著綠色主體測光時，有他就會很方便，但綠褲子先生讓人拍照時喜歡降 2/3 級曝光值。

換句話說，不論您是以光圈優先或快門優先的方式測光，您都得運用曝光補償讓曝光值少 2/3 級 (意思就是您得將測光錶告訴您的曝光值降 2/3 級) —— 如果要問我從綠褲子先生那邊學到些什麼，我只能說他跟天空兄弟們一樣可靠，但您得永遠記得碰到綠褲子先生時，要減少曝光 2/3 級！

通常，我都會在日出後帶著微距鏡頭到附近的草叢或沼澤地，並靜待時機。這天上午，這隻椿象蟲 (Shield Bug, 別名盾臭蟲) 停在一片葉身上，由於主體的身體是黑褐色的，所以我趕緊 "叫" 出綠褲子先生並朝著綠葉進行測光：光圈設在 f/11，並調整快門速度到 1/200 秒，以得到 -2/3 EV 的曝光值，接著重新構圖並按下快門。

Micro-Nikkor 200mm 鏡頭，光圈 f/11，快門速度 1/200 秒

當我在一間大型花卉公司接攝影案時，我拍到了一張至今都超愛的影像，我從來不曾對一個人的眼神如此著迷。她是在靠近蒲隆地共和國布瓊布拉市一個花卉農場中的員工，她非常害羞，我花了整整 3 天時間，才終於讓她往我這邊看，但也只有短短的 1 分鐘。

這張照片的挑戰在於測光錶遇到黑色以及白色物體時便會 "秀逗"，並且盡其可能的把這 2 個顏色變成灰色。由於她的黑皮膚，測光錶會以為這個部分曝光不足，於是便會拉長快門時間來讓她變得 "正常"；因此，我找上了綠褲子先生，並對著她手上拿的康乃馨花束進行測光，然後再降 2/3 級曝光。最後，我選擇了光圈 f/8，並重新構圖後拍下這張照片。

105mm 鏡頭，光圈 f/8，快門速度 1/125 秒

鬱金香不僅在荷蘭或西太平洋地區才有，在法國的普羅旺斯附近也有大片的鬱金香田，到了 4 月中旬左右，大概會有一週的時間看到鬱金香綻放出美麗的顏色 —— 而這張照片中就是我途經的一處粉紅色鬱金香花田。

我趕緊用一棵單獨的樹、山坡上的鬱金香、和前方一片綠色的牧草，拍下第 1 張照片，但我錯了！整張圖太暗了 (如左頁上圖)，因為粉紅色鬱金香的反射率大於 18%，所以測光錶會把它們拍成曝光不足。

所以解決的辦法就是把相機先對準前景的綠色牧場 (如左頁下圖)，並調整快門速度到顯示為 -2/3 EV，然後再重新構圖、拍照。

所有照片：80-200mm 鏡頭 (200mm 焦距)
左頁上圖：光圈 f/22，快門速度 1/125 秒
上圖：光圈 f/22，快門速度 1/50 秒

夜間和低光照攝影

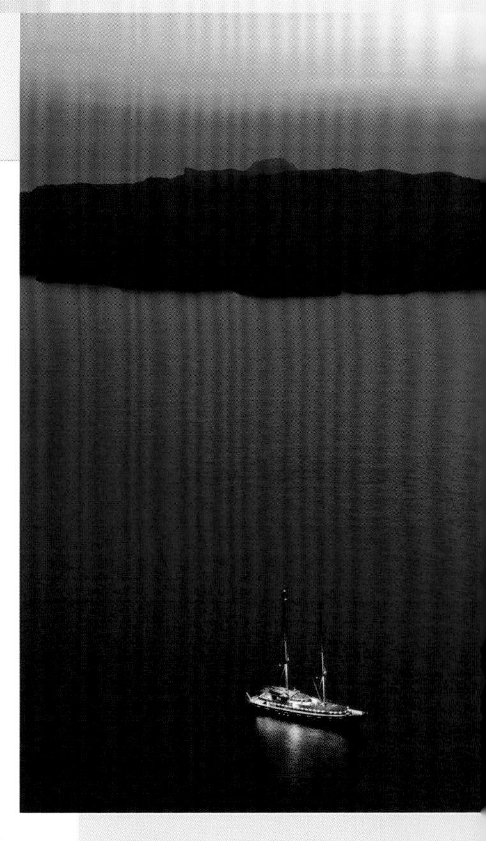

低光照 (Low-light) 環境下的影像並不僅僅於動作感的呈現 (參見 **4-36** 頁), 仍然有許多固定於夜間或光線不足下的主體, 正等待著您去找出它們的美感;然而, 先前也曾提到:只有在日出後到日落前, 才可能拍出好照片, 畢竟, 如果 "沒有光", 又能做什麼呢?但在此將顛覆這樣的觀念。

雖然說夜間和低光照攝影的確算是個特殊領域的挑戰, 其中最重要的莫過於您得使用三腳架 (假設您想拍出銳利的影像), 但儘管如此, 它所獲得的代價絕對值得您為此付出!特別像是在黃昏時刻, 天空中的自然光源和現代的人造光源相互輝映, 只要您懂得如何去曝光, 就絕對能捕捉到這一天當中最神奇的時刻。

無論您在世界上的哪個角落, 天空中出現 "魔術藍" 的魔幻時間大約都是從日落後 20 分鐘開始, 並持續約 5 ~ 10 分鐘左右。

在希臘群島 (左圖), 有一艘獨行的帆船停錨在日暮微暗的藍天下;在地球的另一端 (右圖), 新加坡的都會夜景在昏暗的藍天襯托下, 也更顯得精美輝煌。

左圖:Nikkor 17-55mm 鏡頭, ISO 100, 光圈 f/8, 快門速度 2 秒

右圖:Nikkor 12-24mm 鏡頭, ISO 100, 光圈 f/11, 快門速度 4 秒

低光照條件下該如何測光?

再次重申:沒有哪一種方法, 會比朝著天空測光來得更好, 不管您是處在逆光、順光、側光, 也無論是日出還是日落, 請都去找天空兄弟們!

比如, 如果我想得到敘事手法的景深, 那就挑顆廣角鏡頭, 把光圈設在 f/16 或 f/22, 然後對著天空測光、調整快門速度、重新構圖、按下快門, 如果是要以「誰在乎」光圈取景, 那就用 f/8 或 f/11;另外, 如果是拍攝運動之類的場景, 我會再次選擇鏡頭的最小光圈, 如 f/22 或 f/32 (無論是否需要景深), 好得到最長的曝光時間。

許多攝影人都曾在城市或鄉村看到一輪明月冉冉升起, 但卻很少有人會去拍下來 —— 因為他們不知道該如何測光！但事實總讓人驚訝："月升" 是很容易曝光的, 因為它不過就是一個逆光 (低光照下的逆光) 場景。

由於景深在這裡不是重點, 所以我將光圈設為 f/8, 接著, 我對著數上面的天空測光、調整快門速度, 接著重新構圖, 並用倒數自拍來按下快門。

300mm 鏡頭, 光圈 f/8, 快門速度 1/8 秒

滿月真的是最好的 "月亮" 嗎？

若想拍 "滿月" 的月升, 最好選擇陰曆 15 日的前一天 (也就是 14 日), 因為在滿月的前一天, 月亮其實就相當圓 (幾乎看不出差異), 且此時東邊的天空和下方的地景都會擁有相近的曝光值。

有什麼地方會比在紐約市嘗試夜拍更好的地點呢？而且如果您選的日期剛好是 9/11 (911 事件), 您還可以用兩道直衝天際的光柱, 來紀念雙子星大樓。

拍攝時, 我將相機固定在三腳架上, 然後對著上面微暗多雲的天空進行測光, 然後再重新構圖。由於在畫面並沒有任何移動中的物體, 所以並不需要用到超過 2 秒以上的曝光 —— 許多學生們常陷入這樣的邏輯迷思, 但像這樣的場景, 其實用 f/22、15 秒拍出來的照片, 並不會比 f/8、2 秒拍出來的照片更好。

最後要提醒一點：當您測好光、重新構圖時, 相機的測光錶很可能會警示您曝光不足, 但這時只需忽略它並拍攝即可。

ISO 100, 光圈 f/8, 快門速度 2 秒

當晚我在舊里昂街上徒步時，我只帶了台 Nikon Coolpix 5700 出門，幸運的是，這台相機的景深無敵深，而且還可以在安全快門下用手持拍攝。這也帶出了一個問題：「為什麼不都用這台相機拍照呢？因為有了它，以後都不用腳架了啊！」最重要的一個原因，是因為該台相機的影像尺寸太小，不適合做為商業用途。

Nikon Coolpix 5700 (60mm 焦距)，光圈 f/4，快門速度 1/30 秒

300mm 鏡頭, ISO 50, 光圈 f/22, 快門速度 1/125 秒, 使用正片

在進入德國的巴伐利亞洲 (Bavaria) 沒多久, 我赫然發現從高處望下去的景色真是太壯麗了, 所以我立刻在日出前約 15 分鐘就已經把相機固定在三腳架上 —— 鏡頭當然是朝著黎明前逐漸染紅的天際, 接著就等著太陽從東邊的地平線冉冉升起囉！

由於我已經想好要捕捉到逆光下的地景細節, 因此我將光圈設為 f/22, 朝著初升太陽的左邊天空測光, 調整快門速度到正確曝光的 1/125 秒, 然後重新構圖、對焦在畫面的前 1/3 景深處, 接著接連著拍了大約 10 張左右。

兩張照片：Nikkor 35-70mm 鏡頭 (70mm 焦距), 三腳架, ISO 200, 光圈 f/22, 快門速度 6 秒

不要等待太久

前面我所講的都**不是**夜幕低垂的夜晚, 而是日暮西山的**黃昏**。即使是拍城市夜景, 我也不喜歡在漆黑一片的夜晚拍長曝, 因為畫面中將缺少必要的對比和色彩, 此外, 原本應該構圖中重要元素的一部分 —— 天空, 也消失不見了！

在上面兩張照片中, 您就可以看出來：左邊這張天空的藍色調和下方的紅色調形成鮮明的對比, 但僅僅約 30 分鐘之後, 天空的藍色調就不見了, 畫面中的建築物也彷彿陷入了黑暗的 "深淵" 之中。

在美國華盛頓州的惠德貝島 (Whidbey Island) 上，我和我的學生們都在祈禱天氣能有所好轉 —— 因為已經一整天了，天氣依舊相當惡劣。

總算在日落前不久，天空終於慢慢放晴了，就在這個時候，我們看到了在小山丘上的一間屋子。趁著剛好日落的時間，烏雲漸漸散去的天空開始染紅，而此時屋子亮起了燈光，也營造出美麗的對比和氛圍，於是我重新構圖並取得正確曝光後，拍下了這張照片。

35-70mm 鏡頭，三腳架，ISO 100，光圈 f/16，快門速度 1/4 秒

高動態範圍 (HDR) 曝光

HDR (High Dynamic Range, 高動態範圍) 攝影已經成為許多攝影者的最新話題, 搶搭這股旋風, 我也已經深深地迷戀上它。

HDR 曝光是將一個明暗反差極其強烈 (如強逆光下的風景) 的場景給 "包圍" 起來, 然後透過專門的 HDR 軟體, 將這些不同曝光的影像合併成單一的影像 —— 但請注意, 這跟傳統的包圍曝光截然不同, 這部分請參考後文的技術框。

要製作 HDR 影像, 通常會先拍個 5、7、9 張 (視現場的明暗反差而定) 同一場景的畫面, 但在此之前, 別忘了您還是要設法拍出**有創造性的正確曝光**! 換言之, 您是要用敘事光圈、隔離光圈、還是「誰在乎」光圈呢? 決定好了之後, 就利用快門速度轉盤來 "包圍" 影像 —— 但注意, 由於快門速度會改變, 因此像是移動中的主體就不適合做 HDR, 那樣可能會造成 "慘劇" 的。

此外, 如果相機上有提供『自動包圍』的功能, 那對您在拍攝 HDR 曝光時將可省下不少時間。將相機設為光圈先決模式, 並拍攝 5、7、9 張的包圍曝光, 拍完後可先從相機 LCD 上檢視這幾張的結果; 之後回到電腦上時, 請用 HDR 軟體載入這些影像, 並簡單地按幾個按鈕, 剩下的就是等著看軟體會 "做" 出什麼樣的 HDR 影像了!

補充 Photoshop 從 CS3 版本後已提供 HDR 處理功能, 此外還有個更好用的 HDR 軟體 —— PhotoMatix, 您可到 www.hdrsoft.com 下載試用。

當 HDR 影像成功處理出來後, 除了 "哇" 的一聲, 可能下意識會覺得: 為什麼跟想像中的不一樣呢? 因為並不是每一個場景都有極大的明暗反差, 多數情況下都只要 1 張曝光就可以了。

此外, 如果您拍的是充滿動作的畫面 (如人來人往的街道、車水馬龍的市區), 那麼這些組出來的 HDR 影像, 就會出現有許多像 "鬼影" 般的畫面 —— 總之, 要拍 HDR, 除了反差要夠大, 也須慎選主體, 避免動作的存在, 才能拍出成功的 HDR 作品。

這張是在美國佛羅里達州的坦帕 (Tampa) 拍攝的日出畫面，當時我把相機和 12-24mm 鏡頭架在三腳架上，並確認河面上的倒影和天空之間的曝光相差了 4 級，至於橋墩下方則和天空的亮度差了 7 級之遠 (選用點測光、光圈定為 f/11 所測得)。於是我用了 7 組不同的曝光來組成 HDR 影像，曝光值則從 -3 EV ~ +3 EV：f/11, 1/4 秒、f/11, 1/8 秒、f/11, 1/15 秒、f/11, 1/30 秒、f/11, 1/60 秒、f/11, 1/125 秒、和 f/11, 1/250 秒，然後再用 HDR 軟體將它們合併成您所看到的 HDR 影像。

最近從法國里昂搬到了美國芝加哥，我才發現城市中真正的狗 —— 就是熱狗！從這裡眾多的餐館，就可以看出芝加哥居民有多不愛自己的狗；而其中對我最具吸引力的，莫過於這家位於克拉克街 (Clark Street) 上的 Wrigleysville 熱狗店了。

說實話，目前為止我還沒去吃過他們家的熱狗，但我相信應該就快了！但在此刻，我只對現場風雨欲來的天空、和現場豐富的色彩感比較有興趣，為了拍出一張 HDR 影像，在此我共拍了 7 組曝光 (這兩頁和後兩頁)。

Wrigleyville
DOGS
1/2 LB.
HAMBURGERS
CHICKEN
GYROS
EAST SIDE.
PARKING
ATM
INSIDE
OPEN

Wrigleyville
DOGS
1/2 LB.
HAMBURGERS
CHICKEN
GYROS
GYROS
EAST SIDE.
PARKING
TOW ZONE
PUBLIC
PARKING
METRO·CUBS·BARS
CHICKEN
HOT DOGS
GYROS
ICE CREAM
3737
ATM
INSIDE
CHICKEN
LEGS
DINNER
OPEN
SOUP

我把相機和 12-24mm 鏡頭架在三腳架上，並將光圈縮到 f/16，接著分別以 -3 EV ~ +3 EV 拍下了這 7 張照片：光圈 f/16，快門速度 2 秒、1 秒、1/2 秒、1/4 秒、1/8 秒、1/15 秒、1/30 秒。

當我來到摩洛哥馬拉喀什 (Marrakech) 老城區 (Medina) 這個賣橄欖的店鋪前，我立刻就看出這是個拍攝 HDR 的絕佳機會！

在畫面中，前景有著白色的盛碗和台階，外頭的陽光也透了進來，因此光照是足夠的，但背景存放的器皿和壁畫則幾乎沒啥光線 —— 要拍攝這樣的場景，要不就是用閃光燈補光，或是直接拍成 HDR，而後者就是我所做的。

我總共拍了 5 張，光圈定在 f/22，快門則從 1/60 秒到 1/4 秒。

Nikkor 12-24mm 鏡頭，ISO 100

HDR 開闢了許多新的契機，讓我有機會在面對強烈逆光的主體時，還能拍出前景清楚、細節紋理豐富的正確曝光。

在這張照片中，前景楓葉的正確曝光為 f/22、1/15 秒，而從樹後穿出的陽光則是 f/22、1/8000 秒 —— 差距 9 級之多，但只要用 HDR 影像來拍攝與後製，這樣的曝光簡直就是小 Case 啦！

一如既往，我將相機和鏡頭置於三腳架上，光圈設為 f/22，快門速度則從 1/15 秒一路飆高到 1/8000 秒。

真正的『包圍曝光』

請不要把製作 HDR 影像的包圍手法和真正的包圍曝光給弄混了！包圍曝光只是簡單地在同一場景下拍出任意張數的不同曝光。例如，當您在手動模式下，用光圈 f/8 拍攝，這時正確曝光的快門速度為 1/15 秒；接著，您可試試其他更快或更慢的快門速度，如 f/8、1/8 秒，f/8、1/4 秒，f/8、1/30 秒，f/8、1/60 秒... 等，也就是說，您 "做" 了 5 張的包圍曝光。

但為什麼會有人要這麼做呢？這最主要的目的，是藉由多拍幾張來避免失敗，並從中挑出一張 "最佳" 的曝光結果；但如今，數位相機有著更精密、複雜的測光系統和感光元件，動態範圍也愈來愈廣，再加上必要時，還可以將影像送到編輯軟體中 "校正" 曝光...，但這是不是就意味著，我們不再需要 "包圍" 了嗎？

很難說，因為現實中的場景有著極大的明暗反差，即使是目前性能最強大的數位相機，在記錄光和影的細節時，依然捉襟見肘 (但人眼卻能輕易地看到)，所以您真正需要的，是進入 HDR 攝影的世界。

近拍與微距攝影

近拍和微距攝影一直是廣受歡迎的主題, 像是花朵、蝴蝶、水滴 (露珠) 等都是拍出漂亮特寫鏡頭的好題材；當然, 也有人拍攝一些較不常見的主體, 如大型動物或工業主題等 —— 近拍與微距可謂是真正充滿了攝影的 "寶藏"。

俗話說：「親暱生狎侮」, 但對微距或近拍來說卻不適用！因為這種超近距離所能發現的喜悅是無止盡的, 絕不會有任何一個畫面是重覆的, 只要稍稍地扭曲或轉動一下, 就會 "變" 出全新的影像來 —— 換言之, 這是一輩子的旅程 (而且還是多線並行), 相信這也會是您最喜歡的 "旅程"。

想拍特寫鏡頭時, 您既不用離開家也無需外出, 只要蹲著或趴著就能找到一 "拖拉庫" 的親密題材；然後, 拿起您的相機和微距鏡頭 (或 40mm ~ 60mm 焦段內的任何鏡頭加上接寫環), 在地板上或庭院裡開始爬行就可以了 —— 當您把眼睛湊上相機, 很快地就會在一雙破舊的運動鞋、或是被您孩子丟棄一旁的玩具上, 找到迷人且豐富的紋理圖案。

還是那句話：近拍和微距攝影的可能性是無止盡的。

近拍 vs. 微距

當您要拍特寫畫面時，無論是用望遠鏡頭、微距鏡頭還是廣角鏡頭，不管有沒有裝上接寫環、倒接環或是近攝濾鏡，也不論是俯拍還是仰拍，更不管是頂光、順光或側光，或是身處在城市或鄉村，您都可以掌控得到！所以，不管您拍到了哪個階段，您都可以隨時喊停、重新檢視、並決定該不該保留這張影像。

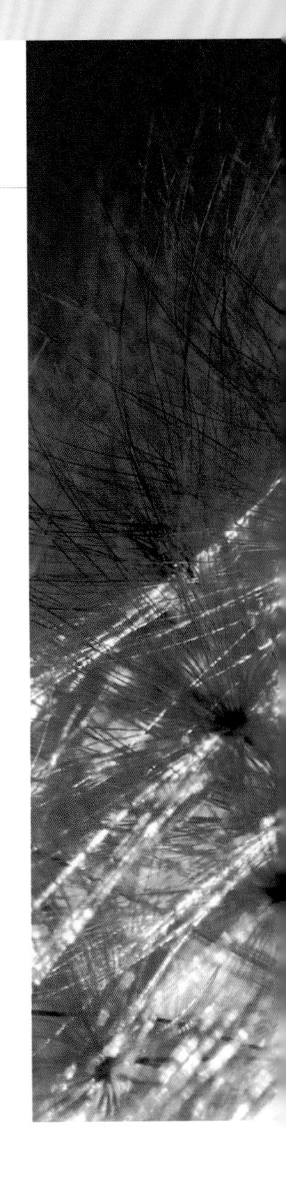

首先第一步就是先要釐清什麼是**微距攝影** (Macro Photography)？並決定這就是您所要的，還是只是想在足夠近的距離下拍攝特寫畫面。

許多人常被 **Macro** 這個單字給搞混了，它原是希臘字 **makros** 的前綴詞，其意思是**大的或長的**。這是因為用微距鏡頭所拍攝的影像，會在感光元件或底片上呈現出**較大**面積的占比，同時也比傳統攝影所需的曝光時間來得**更長**，故稱為 Macro。

從定義上來說，微距攝影是指能呈現 1:1 原寸 (實物大小) 或更大比例的影像；也就是說，如果兩相對比，那麼拍攝主體和記錄在感光元件 (或底片) 上的影像，就應該要完全同大小的。

換言之，只有放大倍率在 1:1 (或以上) 的，才是真正的微距拍攝 —— 通常鏡頭製造商也會在這類鏡頭上標註 "1:1" 來表示；至於其他小於 1:1 放大倍率的鏡頭，就我 (或其他攝影者) 自己的定義而言，就只能稱作**近拍**或**近攝** (Close-up)，而不是微距攝影了。

補充 像我就曾用 Micro-Nikkor 鏡頭拍了許多照片，但這些並不等同於微距影像，但偏偏最弔詭的是，Nikon 自己的微距 (Macro) 鏡頭卻也叫做 "Micro"。

在真正的微距鏡頭下，一隻實際約 1.2 公分長的蜜蜂，在 35mm 片幅 (36mm × 24mm) 感光元件或底片上所拍攝到的，也同樣會是 1.2 公分；但如果是非全片幅的機種 —— 如 APS-C、APS-H 等片幅，理論上就不會拍出 1:1 等倍大小，而應該是 1.5 (或 1.6) 倍的實物大小。

拿起一株蒲公英花正對著日出東方的朝陽拍攝，這也是最能吸引人目光的拍攝手法之一。

105mm 微距鏡頭，光圈 f/22，快門速度 1/60 秒

左邊這張照片, 是在我哥位於阿拉斯加科迪亞克 (Kodiak) 的房子旁所拍攝的, 當時我整個人沉浸在近攝的世界裡, 根本不想走遠。

由於我想讓失焦散景變成圓形的反射亮點, 於是把鏡頭的光圈開到了最大；再加上陽光打下來的逆光非常強烈, 所以我先對著腳邊的草地進行測光, 並調整到正確曝光的快門值, 最後再重新構圖並拍照。

至於右頁中這根放在石頭上的羽毛, 則是讓我有了另一個必需使用微距鏡頭的好理由！為了避免再按下快門鈕時可能導致的任何晃動 (因為快門速度很慢), 因此我利用相機的倒數自拍功能拍了好幾張。

兩張照片：Micro-Nikkor 70-180mm 鏡頭 (180mm 焦距)

左圖：光圈 f/4, 快門速度 1/125 秒

右頁圖：光圈 f/22, 快門速度 1/15 秒

怎麼會這樣呢？這是因為非全片幅的感光元件尺寸比底片來得小 —— 以 APS-C 片幅來說, 大約只有 25.1mm × 16.7mm, 所以一旦接上任何一支微距鏡頭, 在 1:1 的複製比例下, 拍出來的主體都會比原寸大上 1.5 (或 1.6) 倍。

然而, 說實在的, 這 "1.5 倍" 大的蜜蜂圖像, 其實就像是用 35mm 片幅所拍到的原寸影像, 再去裁切而得的！其原因就在於 APS-C 等片幅的大小, 比 35mm 片幅來得小 (試想當您坐在一個比較小的座椅上, 是不是會有種自己變胖了的感覺？所以不是蜜蜂變大了, 而是 "座位" 變小了)。

在本書中, 大部分的照片都不是真正的微距影像, 而是介於 1/2 ~ 1/10 原寸大小的特寫 (近拍) 照片, 其他少數的甚至小於 1/20 的原寸大小。

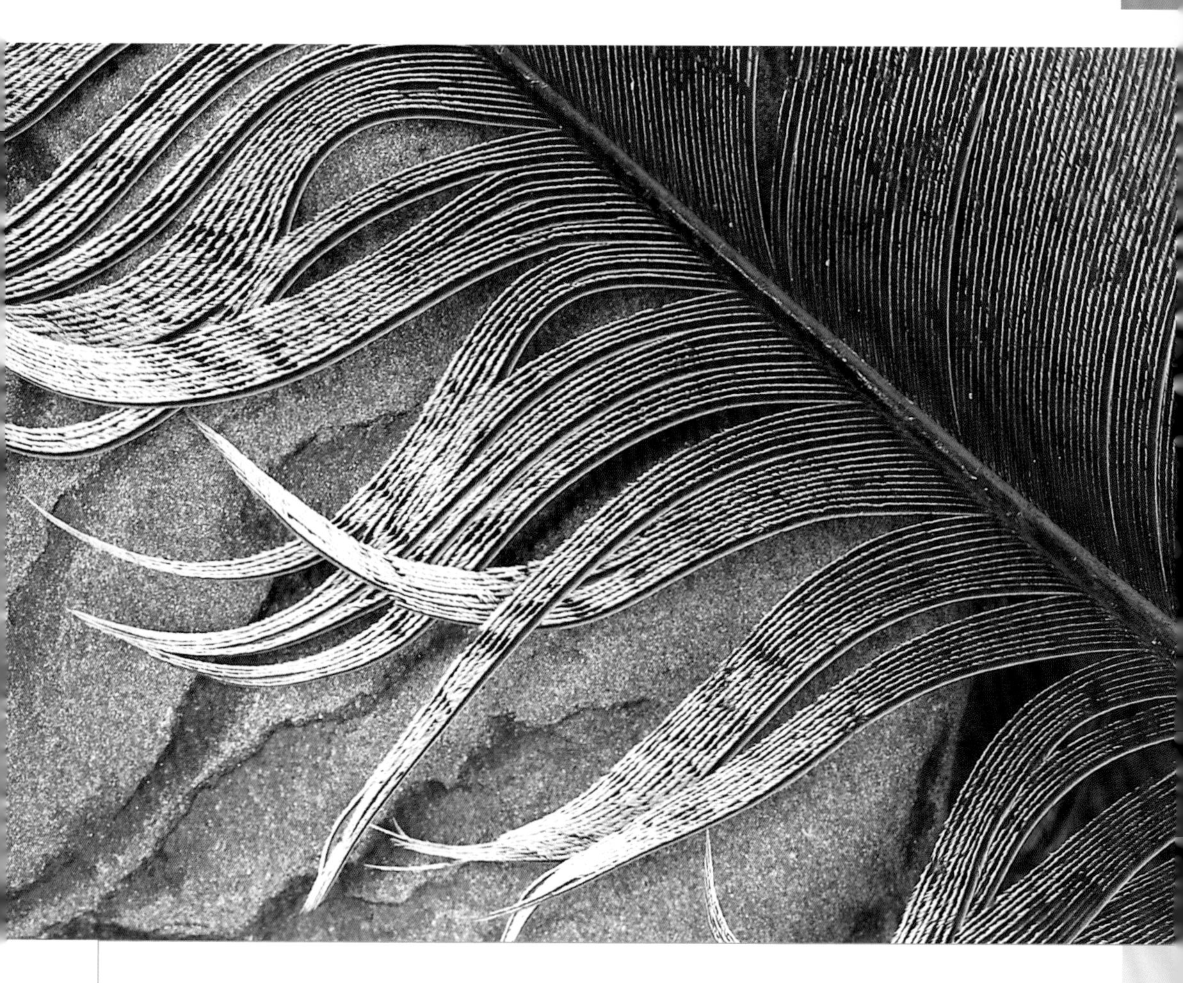

有 "Macro" 功能, 不代表就是支微距鏡頭！

『Macro』這個字眼之所以造成混淆, 原因就出在鏡頭 (或相機) 製造商！當攝影者選了一支有 "Macro" 功能的變焦鏡頭時, 通常都會被 "引導" 去相信他們自己買到的是支真正的『微距』鏡頭 —— 當然, 這都是市場的行銷手段, 但確實有效果, 也讓無數的消費者買到一支全功能、多用途的鏡頭。

但所有這些號稱有 "Macro" 功能的變焦鏡頭 (無論是 24-85mm、80-200mm、或其他任何焦段的變焦鏡頭), 最多只能提供到約 1:4 (0.25 倍) 的放大比例 —— 也就是說, 同樣是 1.2 公分的蜜蜂, 在 1:4 的鏡頭上最多只能拍成約 0.3 公分的影像。

但說這些, 可不代表我認為有 "Macro" 功能的變焦鏡頭是廢物一個 —— 哦～ 千萬別誤會！它們還是一支很棒的鏡頭, 可在各種情況下拍出任何您所想要的畫面, 但這些鏡頭永遠不會是真正的微距鏡頭, 而是可**近拍**的鏡頭。

接寫環

接寫環是一個連接相機機身與鏡身的 "中空環", 常見的有 12mm、20mm、25mm 與 36mm；不過, 即使您已經有了一支真正的微距鏡頭, 您還是應該要買 3 個一組 (或至少 1 個) 的接寫環。

補充 請注意：接寫環不等同於增距鏡, 兩者不可混談。增距鏡內部有鏡片構造, 如果鏡頭的光學品質無法與之搭配, 就可能會導致影像銳利度下降, 所以建議使用同廠牌的鏡頭和增距鏡, 才能得到最佳效果。

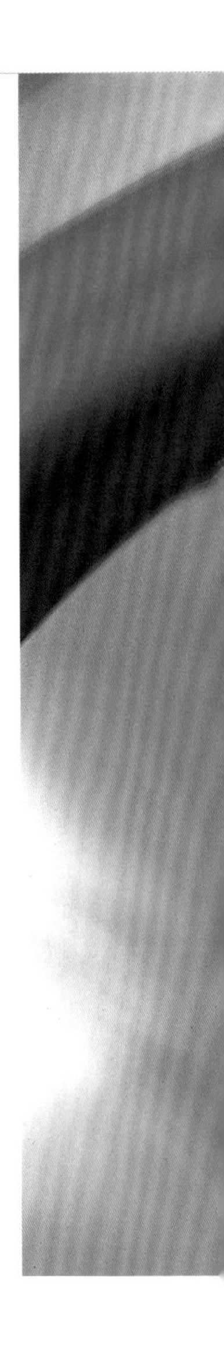

那麼, 接寫環的作用是什麼呢？先假設：從鏡頭底部到焦平面 (感光元件) 的距離稱之為『鏡後距』, 則根據鏡頭的成像原理, 鏡後距的距離愈長, 則鏡頭的對焦距離就愈短 —— 換言之, 接寫環是藉由增加『鏡後距』的距離, 來換取更大的放大倍率 (因為要更靠近主體才對得到焦)。

此外, 使用接寫環時並不僅限於 1 個, 您可以同時裝上多個接寫環 (如 12mm + 25mm = 37mm), 就能拍出更近、更大的 "特寫" 畫面, 它絕對是您除了有支 "Macro" 功能的望遠變焦鏡頭之外, 另一個必須具備、又好用的攝影器材。

對我而言, 我最喜歡拿接寫環和望遠鏡頭來拍花。多年來我都用 Nikkor 300mm 鏡頭和 36mm 接寫環, 讓環繞在主焦點外的花朵和背景, 全都幻化成了美妙的失焦成像；而如今, 我則是改用 Nikon 200-400mm 望遠變焦鏡頭 —— 這支鏡頭就跟大部分的望遠變焦鏡頭一樣, 最短對焦距離非常近, 而且全焦段的放大倍率皆可達 0.25倍 (1:4)；雖然單獨拍一朵花時, 它很少能佔滿整個畫面, 但只要接上接寫環, 我敢說肯定可以！

當我來到新加坡聖淘沙島 (Sentosa) 的蝴蝶公園 (Butterfly Park) 時, 經驗告訴我：想拍攝這類型的題材, 就需要用到接寫環！此外, 我必須讓被攝主體 (蝴蝶) 和相機的焦平面 (感光元件) 保持平行, 才能確保清晰度；至於光圈 f/8 則有效地控制了景深範圍, 成功地讓蝴蝶周圍的棕櫚葉變成失焦的模糊散景。

80-400mm 鏡頭, 36mm 接寫環, 光圈 f/8, 快門速度 1/30 秒

最後，請注意在使用接寫環時有一個"缺點"：當您在中望遠、或望遠鏡頭上，同時裝上 3 個接寫環 (有用三腳架)，那麼按下快門的時候，相機和鏡頭會發生嚴重的晃動 —— 因為相機震動到了！所以這時一定要用快門線，並開啟反光鏡鎖上功能，即可避免此問題。

近拍 (特寫) 時請改用手動對焦

這點非常重要：當您在拍攝一個近拍或微距畫面時，請務必關掉鏡頭 (或相機) 的自動對焦功能，並**改用手動對焦來拍攝**！如果不這麼做，那麼當您要以近拍或微距主體來啟動自動對焦功能時，就會發現這顆鏡頭似乎 "迷焦" 了，也因此而錯失了許多難得的快門機會。

以拍花的特寫為例，由於微距或近拍的景深極淺，所以自動對焦功能將無法分辨到底是對在花朵的前面還是後面，也無法清晰地對焦在您想要讓主體突顯的蜜蜂上 —— 如果您是因為視力關係而非得開啟自動對焦功能不可，那麼就請耐心地一試再試，試到成功為止，或是只拍一些能和對焦平面 (感光元件) 100% 完全平行的主體。

在使用 70-210mm 這支變焦鏡頭時，我無法如我所願地靠近這隻蜜蜂拍攝，於是我裝上了 1 個接寫環，這讓我得以將整朵花塞滿整個畫面，又不至於進入蜜蜂的警戒範圍。

另外，在這裡我也利用了早晨的側光，來讓背景的陰影能讓蜜蜂這個主體更顯突出。

70-210mm 鏡頭 (210mm 焦距)，36mm 接寫環，光圈 f/11，快門速度 1/250 秒

Canon 近攝濾鏡

有一項東西絕對是我 "決不" 會買的, 那就是在世界各地的相機店裡, 都會看得到這種愚蠢的、沒用的、品質又差、價格又便宜到爆的『近攝濾鏡組』, 但如果說到 **Canon 近攝濾鏡**, 則又是另一種觀點了 —— 因為在所有近攝濾鏡中, Canon 絕對是王者!

補充 Nikon 已經停產其 T 系列的近攝濾鏡, 所以即使是最死忠的 Nikon 迷, 也無論 "奇檬子" 爽不爽, 至少這部分市場得讓給 Canon 了。

Canon 近攝濾鏡真的很不錯, 目前的型號有 3 款:250D、500、500D, 口徑大小從 52mm 到 77mm;其中, 250D 適用於 35mm ~ 150mm 焦段的鏡頭, 500 和 500D 則適用於 70mm ~ 300mm 焦段的鏡頭 —— 由於大部分攝影者手上都會有一顆至少到 200mm 的望遠變焦鏡頭, 因此我比較建議直接買 500D 就可以了。

補充 500 是單鏡片、而 500D 則是雙鏡片的濾鏡結構, 這意味著 500D 的成像品質會比較好。

想起幾年前, 當我用 Nikkor 70-200mm F2.8 鏡頭和 Canon 500D 近攝濾鏡在花園裡拍了幾個小時之後, 我就迷上了這個 "特寫鏡頭" 的實用性;而當我坐在電腦前面, 還可以輕易地比較出 Canon 500D 和 Micro-Nikkor 200mm 之間地銳利度差異 —— 我唯一能找到的缺點, 是 Canon 500D 近攝濾鏡即使在 70-200mm 鏡頭的最望遠端 (200mm) 時, 仍只有約 1:3 (1/3) 的放大倍率。

沒錯，廣角鏡頭的對焦距離是很短，但如果加上 Canon 500D 近攝濾鏡，它就可以對得更近 —— 是否覺得畫面中的草莓好像近到觸手可及，伸手就能摘到呢？當我趴在地上，以草莓同高的視角取景，並用廣角鏡頭加上 Canon 500D 近攝濾鏡，答案就揭曉了。

Nikkor 17-35mm 鏡頭 (17mm 焦距)，Canon 500D 近攝濾鏡，ISO 100，光圈 f/8，快門速度 1/160 秒

然而，如果您不是專拍那種小如螻蟻般的動物，而是拍些像花朵或蝴蝶的攝影人，那麼比起動輒好幾萬塊的 Micro-Nikkor 200mm 或 Canon EF 180mm 微距專用鏡頭，Canon 500D 近攝濾鏡還是值得您認真考慮的。

每當我以 "輕鬆" 的心情出門，我就會把 Canon 500D 放入褲子前面的口袋裡，然後在來的路上隨時捕捉蝴蝶美麗的身影，而不用老扛著超過 1 公斤重的 "大砲" 微距鏡頭 (Micro-Nikkor 200mm) —— 如果說只需把一個約口袋大小的濾鏡帶出門，我相信您很快就會得到和我相同的結論，並立刻就去買一個！

雖然 Canon 500D 近攝濾鏡是給望遠鏡頭用的，但我也看過我的某位學生拿它在廣角鏡頭上使用；特別是當用在像 Nikkor 12-24mm 這類的超廣角鏡頭上時，Canon 500D 可拍出相當精彩的近拍式的個人 "敘事" 畫面 —— 不過在把 500D 裝上 (超) 廣角鏡頭之前，請務必先取下原本的保護鏡 (UV) 或天光鏡，否則若同時裝上多片濾鏡，當使用廣角端取景時，就會在畫面 4 個角落產生遮角 (暗角)。

另外，使用這個濾鏡時，鏡頭的對焦距離是不會改變的。也就是說，當您以 200mm 焦距對焦在約 1 公尺左右的地方，則拉回到 70mm 焦距時，對焦距離依舊是 1 公尺 —— 不像接寫環，每當變焦到不同焦段，都要一再地調整對焦距離。

既然我是以 "輕鬆" 的心情出門，此時唯一能把這隻豆娘 "塞滿" 畫面的，就只剩下 Canon 500D 了！在裝上這片濾鏡之後，我拿起相機、緩緩地向前移動，直到這顆鏡頭的最短對焦距離 (1.4 公尺) 為止。

Nikkor 70-200mm VR 鏡頭 (200mm 焦距)，光圈 f/8，快門速度 1/320 秒

廣角特寫？

要打賭嗎？它雖然不是傳統拍法，但用廣角鏡頭拍出特寫畫面，還是非常值得一試的，因為攝影者本來就該以熱情、開放的心態，去嘗試把廣角鏡頭當近拍鏡頭來用 —— 在很多時候，我們通常只會聯想到近攝，至於廣角特寫的世界就像是還未開發利用的處女地。

另外，請特別注意一點：對於像 12-24mm (APS-C) 或 17-28mm (全片幅) 的超廣角鏡頭，不管接上**任何**的接寫環，都是**無法**對焦的！因為此時的最短對焦距離已經太近、近到 "躲在" 鏡身裡面了。

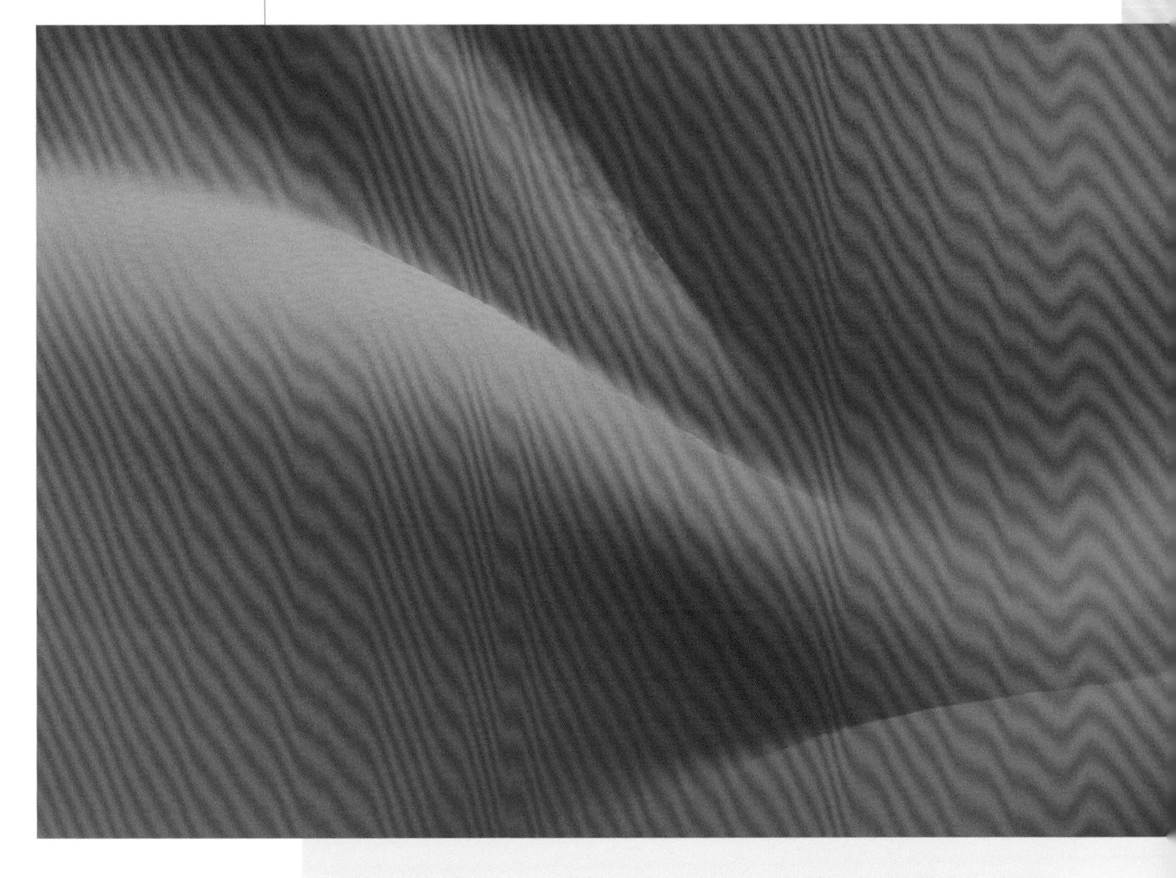

您可以靠得多近？如果拿廣角鏡頭加上一個接寫環，那真的是 "無敵" 近！例如，一朵花，您可以近到只剩下柔美而感性的線條、形狀和色彩 —— 要做到這一點，一支大光圈的廣角鏡頭是一定要的。

35-70mm 鏡頭 (35mm 焦距)，12mm 接寫環，光圈 f/4，快門速度 1/60 秒

背景

正如您可能早已經料想到的，當近攝或拍微距畫面時，景深簡直淺到不行 (有時真的會淺到讓人 "沮喪")，但這種超乎想像的淺景深，才是您必需懂得如何去掌握及運用的 —— 只要有正確的光圈和正確的視角，您就可用背景把近拍的特寫畫面鮮明地突顯出來。

幾根草、一兩朵小花、和一個噴霧瓶，就夠讓我 "消失" 好幾個鐘頭。在這裡，我先在草的葉面上噴灑 "露珠"，並透過鏡頭找尋一個有完美露珠形狀的草葉，一旦我找到了，就只需替背景加上一些色彩 (花朵) 就完成了 —— 請注意到花和草葉之間的距離，它們其實靠得非常近，但由於微距攝影的景深實在太淺，背景中的花完全看不出有任何的細節，反倒是替畫面增添了柔和的色彩，並發揮了強而有力的輔助效果。

Micro-Nikkor 200mm 鏡頭，光圈 f/16，快門速度 1/60 秒

時序剛進入春天, 我在雜草堆裡看到一個獨特的草莖, 很快地便拿起鏡頭把它 "突顯" 出來 (如左上圖), 但也注意到畫面裡沒有任何的對比存在。

做為一個崇尚色彩對比的忠誠信徒, 我隨即請學生拿著一株黃花放在後面當背景, 接著用相機的景深預覽功能檢查畫面, 得到 f/11 會是最佳的光圈值, 不僅可保有主體的清晰度, 還能讓失焦的背景表現出應有的對比效果 (如左下圖)。

Micro-Nikkor 200mm 鏡頭, 光圈 f/11

環形閃光燈

想像一下，當 ISO 設為 200，光圈又縮到 f/16 ~ f/32，但您依然可以不用三腳架，因為此時的快門速度，已經非常接近到可手持拍攝的安全快門 (1/125 秒或 1/250 秒)...

再試想一下，您可以不用柔光罩或反射傘，就能打出柔和的光線；或者是，您可以先去回去睡個覺、補個眠，等到正中午的時候再出來拍花...

簡直是聞所未聞、見所未見嘛，對吧？但這些全都是用**環形閃光燈** (Ring Flash，俗稱 "環閃") 來拍攝微距的優點之一。

中午的陽光通常會形成很重的陰影，這可是會毀了您的微距拍攝或特寫照，但只要使用環形閃光燈，就能馬上看出其中的差別：光線變得均勻而柔和。

在用自然光拍下第 1 張影像 (上圖) 後，我把環閃裝在鏡頭之前，電源線則接上相機的熱靴，然後用相同的光圈值，快門速度則設為 1/250 秒同步快門，接著再次構圖、對焦、然後拍下第 2 張影像 (下圖)。

兩張照片：Micro-Nikkor 105mm鏡頭

上圖：光圈 f/22，快門速度 1/100 秒

下圖：光圈 f/22，快門速度 1/250 秒

只要是看過 (或買過) 我所寫的攝影書，便會知道我從來就不是電子閃光燈的擁護者，直到最近我才發現到，只需使用一個簡單的環形閃光燈，就能讓自己得到更多樂趣 —— 我也曾花了很多時間去了解，是什麼讓我現在熱愛環閃，並湧起一股早該擁抱它的失落感，它是真的那麼重要、那麼必要、那麼好！

環形閃光燈是由兩個半圓閃燈燈管組成，鑲在一個圓形的塑膠硬殼中，這個硬殼組合在您的鏡頭前方，而電源則是掛在相機熱靴上。環閃是由一個牙醫生發明的，原本只是運用在牙科攝影上，但如同大多數的發明一樣，慢慢地交相應用，現今環閃在尺寸上也成長許多，最大半徑可到 20 ~ 25 公分 —— 雖然這種尺寸通常只有在攝影棚中會看到，大都是時裝攝影師在使用，這種大型環閃可以減少被攝主體的影子以及在模特兒眼中作出漂亮的閃光形狀。

環閃的優點是它能提供均勻的照明，也就是減少影子的產生，而這在拍攝微距作品時相當重要。除此之外，由於閃燈是圍繞在鏡頭前面，因此可以非常靠近被攝物，這也讓您能使用非常小的光圈 (f/16 至 1/32)，於是就可以得到相當長的景深。而且最棒的是，當您使用閃燈時，您會發現您常會用閃燈同步快門在拍照，這不是 1/125 秒就是 1/250 秒，在這樣的快速度下，誰還需要腳架呢？

附帶一提，我自己對環形閃光燈有個 "註記"，那就是：我不喜歡環閃在低光照條件下，所拍出來的那種不自然的黑色背景；大部分環形閃光燈都可以拍出這樣的結果，只要使用小光圈、加上環閃能及的距離限制，背景很快就變成曝光不足，而拍出黑色的背景來。

嚴格講起來，這種 "討厭" 是我個人的偏好，據我所知，其他攝影師還寧可在低光照條件下，拍出黑的背景 (即使不黑，也會讓背景曝光不足)，因為他們喜歡這種主體和背景之間的對比感 —— 但從那些環形閃光燈所 "打" 出來的黑色背景，對我來說就會覺得看起來有點過於 "人工"。

一隻鮮綠和帶點藍色的蒼蠅吸引了我的注意，於是我把環閃接在 105mm 的鏡頭上，光圈設定在 f/22，快門設到閃燈同步速度 1/250 秒，在能對焦情況下盡量靠近，得到1.5 倍的放大率，然後拍了好幾張。

如果沒有環閃，像這樣的一張照片幾乎是不可能拍到的。因為現場的自然光強度非常弱 (這隻死去的鳥在樹蔭底下，時間大概是晚上 7 點左右)，如果我帶著三腳架，且在既有的光線下拍攝，我必須仰賴這隻蒼蠅保持不動，這樣才能在光圈 f/22、快門速度 1/4 秒下拍到牠 —— 即使蒼蠅面對著牠豐盛的晚餐一動也不動，這種事情還是不會發生的。

Micro-Nikkor 105mm 鏡頭，光圈 f/22，快門速度 1/250 秒

非比尋常的近拍主體

如果您原本就打算微距攝影的世界裡，尋找無止盡的拍攝題材，那麼，請必需接受一個事實：您要有能力讓把任何在鏡頭前面的景物，都拍出一鳴驚人的影像 —— 任何東西！

讓我們祝福那些視力良好的人，可拍出壯闊的風景照或宏偉的城市景觀讓我們欣賞，這些結合了光線、時間、季節、甚至氣候等條件，讓我們心懷敬畏地看待這些驚人的場景，我們企盼著自己哪天的攝影功力也能拍出像他們那些罕見、稍縱即逝的瞬間。

但是，不同於前面這些 "大作"，在我們的身旁就有著無數驚人的特寫或微距畫面，不僅數量龐大，而且也不會轉瞬即逝；事實上，一些令人驚嘆的特寫鏡頭往往就在最稀鬆平常的地方，像是花朵或是秋天的楓葉等 —— 但即使是花和楓葉，它們只不過是近攝主題中的一小部分而已。

通常，我會建議線上攝影課程的學生們，試著做以下簡單的練習，而結果總是能有不計其數的新發現：請將微距鏡頭接上相機機身 (或是拿現有的任何一顆鏡頭，加上接寫環)，接著打開廚房的抽屜，開始**近距離**地查看廚衛器皿；接著，移動腳步到自己的書房，檢查迴紋針、大頭釘或削鉛筆機等；然後再到車庫裡，打開工具箱來看看。

不用多久，您就會發現到，自己並沒有真的走多遠，就已經找到令人驚奇的特寫畫面，接著只要願意發揮創意和想像力，就能立刻獲得許多 "獨家" 的近拍影像 —— 而最終您將會發現：這條拍出令人驚豔的微距 (近拍) 攝影之路，真的是無止盡的啊！

在此給個想法！請在靠南邊的窗戶附近放一張小桌子，拿一塊亮面塗漆的銀色海報板，以及一瓶裝滿水的噴霧瓶；接著在板子的上方約 50 公分處噴上 "露珠"，最後噴上粉狀的塗漆顏料 (美術店有賣) 就完成了 —— 現在只要拿起微距鏡頭，您很快就會發現怎麼拍都是傑作 (上圖)！

接下來我們來到廚房，許多廚房用具只要搭配鮮豔的彩色美術紙，就能拍出非常棒的特寫畫面；尤其是這些金屬的反射表面都能反射紙張上的色彩，保證讓您沉溺在紋理、形狀與色彩的抽象世界裡 (下圖)。

Micro-Nikkor 105mm 鏡頭, 三腳架, ISO 100, 光圈 f/22, 快門速度 1/15 秒

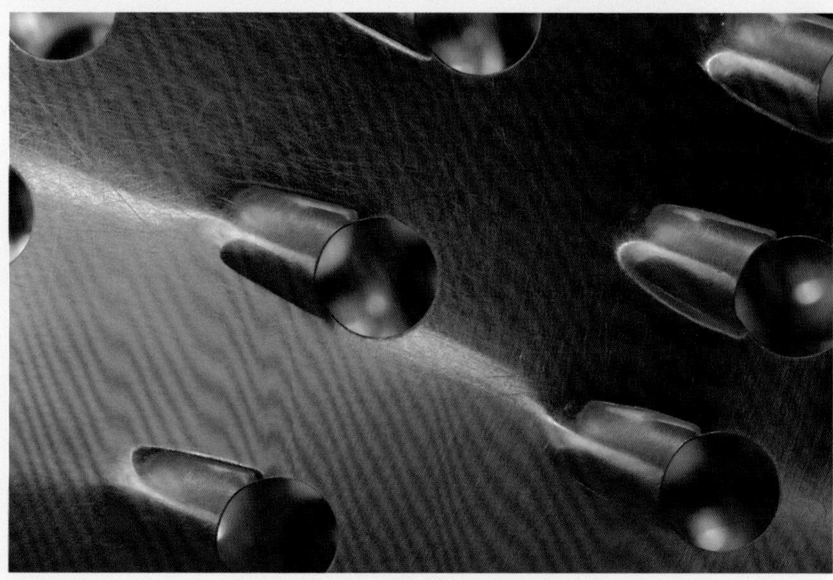

Micro-Nikkor 70-180mm 鏡頭, 光圈 f/11, 快門速度 1/30 秒

拍攝人物

我的攝影生涯並不是一開始就是拍人像，當時幾乎高達 99% 以上是在拍攝瀑布、花朵、蜜蜂、燈塔、穀倉、日出和日落；直到某一天，我才發現自己又在拍攝一張以靜止的湖面為前景的白色山峰。這天是一個轉戾點，我開始檢視自己，發現不僅是我的生活裡沒有他人的存在，攝影中也沒有 —— 我將無數的時間給了大自然，卻讓我變成孤伶伶的一個人。

在接下來的 5 年裡，我發現自己正經歷一個緩慢但從容的過渡期：在拍攝沒有人物的照片上所花的時間越來越少，當我體會到最巨大也最富變化的攝影主題就是人物時，我的心中感到一股新的熱情，而且覺得自己好幸運！

就像一首歌裡所唱的：「需要別人的人，是世界上最幸福的人」，於是，我很快地發現相機可以 "搭" 起一座友誼的橋樑 —— 做為將自己介紹給別人的媒介。

克服羞怯

儘管我對拍攝人物有了新的啟示, 但仍然有一個難關需要克服:我的**羞怯**。

基本上我是個外向的人, 但我卻驚訝的發現, 原來自己也有這麼害羞的一面!我曾經不止一次想決定要放棄人物攝影, 畢竟, 我的風景和特寫等作品早就獲得許多雜誌、卡片和月曆出版商的青睞 —— 更何況, 山不會動、花不會變僵硬、蝴蝶也不會開口向您索取費用。

我得出的結論是:我害怕被拒絕, 也害怕和人變得親近。不像我所熟悉的風光景致, 人們可以 (也往往) 會行動、會反駁, 並有不同的話要說。有些時候, 可以作為拍攝主題的人, 會說出我完全不想聽到的話, 並拒絕我的拍攝。而當我聽到一句「好啊」時, 我對被拒絕的焦慮感, 便立刻被與人親近的恐懼感所代替。

花是不需要勸哄的, 但人不一樣, 人需要有互動;如果我希望對方能有自發性的動作, 我必須要去親近對方;否則, 要是我拿起相機就開始拍攝, 通常會提高他們的警覺性, 就好像我是帶著巨大針頭的醫生, 正要為他們的人生打上一針。

我很快地開始以「真實」來處理拍攝主體, 讓我這麼說:我不知道您是否注意到, 現在的您正身處一個美好的畫面裡;或是, 有些美好的事物正在某處發生, 但其中卻缺少了人物 —— 而您, 就是那個可以讓整個構圖變得美好又令人注目的人。

直到今天, 這個 "單純" 的態度經常讓我得以順利拍攝到想要的影像, 但經驗也告訴我, 在某些情況下, 會需要較多的 "外交手腕"。最重要的是, 您要對拍攝對象抱有熱情, 並在照片中表現出來;當您的語氣和意圖都是真誠的時候, 將可以在攝影過程中, 激發出更好的合作關係, 與更多的自發性行為。

當我來到阿拉伯聯合大公國的某個城鎮外，看見幾名男子正在打牌，雖然遊戲本身比照片更為有趣，但我想，拍下這個衣著不俗的紳士肖像可是比什麼都重要。

於是我用光圈 f/4 來限制景深的範圍，讓背景中的男子成為失焦的散景 —— 但卻是很重要的支撐元素。

80-200mm 鏡頭，光圈 f/4，快門速度 1/250 秒

誠實是最重要的！

不論您是否認識拍攝的對象，或者是要與完全陌生的人們接觸，都應該要誠實地表明意圖，告訴對方您的理由以及您對拍攝的構想，這是再重要不過的事。

比如，不要朝著路邊擺攤的農人走過去，騙他說您是在幫國家地理雜誌 (National Geographic) 進行拍攝；也不要朝著在海灘上的女子走去，騙她說您正在為旅遊休閒雜誌 (Travel and Leisure) 做一篇報導 —— 請務必說實話！

接近和尊重他人

沒有人會辯稱說，每張成功的風景照或是特寫照，很大一部分是來自於攝影者激發情緒與感覺的能力 —— 因為通常是一點點的運氣和時機扮演了重要的角色；但是，我也同時了解到，當您試著拍攝出好的人像照時，運氣通常是最無關緊要的。

每一個成功的攝影者都有創意和技術，同時也有能力去預測某些決定性的瞬間，但是我仍堅持在光圈、快門速度、良好的光線條件、合適的鏡頭焦段和主題以外，最重要的關鍵在於：能與拍攝對象產生互動，並懂得如何激勵他們。

因為拍攝的主體是人，所以您能否抓住掌控人物狀態的最大原則，這也許是最重要的，因為您只有一次機會來營造第一印象！

對於數位攝影者而言，要獲得良好人際關係的最佳工具之一，就是位於相機身後的 LCD 螢幕 —— 從我開始使用數位相機這麼多年以來，我無法強調這對人像攝影來說有多麼的方便。我的拍攝對象可以在拍攝完成後的短短幾秒鐘內，和我一起欣賞立即被放大的畫面，這絕對是只有數位相機能提供的好處，而這同時也讓人們更願意接受拍攝，也更能享受拍攝過程。

但是，不管您是用傳統單眼或是 DSLR，有時您需要擺出姿勢、指導或要求您拍攝對象的穿著或看起來的模樣；對於家人和朋友，這或許很容易便能完成，但當您需要一個 10 分鐘前才認識的人配合您的要求時，這將會是一件非常具有挑戰性的事。

所以，當我在拍攝人物時，我從未想過要讓他們感到尷尬、難為情，或是故意挑出他們外貌上的缺點，但很不幸的，某些攝影者總抵不過誘惑，不但沒有獲得信任，反而讓相機成為對方的敵人；此外，我個人也不喜好從臀部拍攝，或是用廣角鏡來扭曲臉部表情的照片。

圖中這位長者正停下手邊的工作，準備稍作歇息抽根菸，我觀察了他好一會兒，並向他說明我的來意後，才開始拍他。

12-24mm 鏡頭 (19mm 焦距)，光圈 f/8，快門速度 1/15 秒

我的基本做法

第一，我很少會接近任何我不感興趣的人，這一點是很主觀的，因為我認為有趣的人物景象，對他人而言或許是很沉悶的。

第二，我發現即使只花幾分鐘的時間，單單觀察想要拍攝的對象 (有時是很慎重的)，都可能要很久以後才能決定想要拍攝的方式；但在這數分鐘之內，我會在腦中記下可能想要捕捉的特定風格和表現，而這對於之後接觸對方說明時也很有幫助。

人性心理學

如果真的有位攝影者對人類的心理和行為模式有著完全、透徹的了解, 那麼他的名字應該是**好運**!

當您希望他人 (包括家人) 同意成為您的拍攝對象, 那麼您最好要有心理準備, 因為對方可能會立刻提出疑問:「這對我有什麼好處?」——因為這就是人類心理學中主導人類行為的基本 "法則"。

同樣重要的是**語調** (說話的語氣), 它是人性的另外一面:與模糊猶疑的口吻相比, 自信的語調更能讓大多數人覺得有安全感!您的拍攝對象並不是因為您**說的話**而被說服, 而是因為您**表達的方式**, 這也就是之前提到的, 您提出要求的誠意是否足夠。

除此之外, 不論您選擇在什麼場地拍攝什麼人, 都應該以滿足「創意呈現」為首要、也最重要的拍攝原則 —— 不論這張照片是否能提昇您的職場地位, 或是為您贏得一場攝影比賽, 這些都不是您的最大獎賞。

身為攝影者, 經常要和許多具有強烈自我保護心態的對象一起相處、工作, 所以在拍攝完的當下或幾個小時內, 我總是會因為彼此曾共同分享了經驗而感到滿足, 同時也充滿感激 —— 因為我與他人有了聯繫, 不論他們是家人、朋友、還是陌生人。

數位相機可讓您按個鈕, 就從彩色照片轉成了黑白照。在這裡, 當這位烏克蘭的警衛終於笑開了, 並且露出一顆金色的門牙時, 我已經把這張照片轉成黑白了 (下圖) —— 不幸的是, 那顆金牙將永遠看不出顏色。

您可以藉此學到以下 2 點經驗:(1) 如果沒有必要一定得拍黑白的, 請拍彩色的影像, 這樣事後還可以隨時轉換 (2) 試著先讓拍攝對象放鬆一下心情。

兩張照片:Nikon D1X, 20-35mm 鏡頭 (28mm 焦距), ISO 200, 光圈 f/5.6, 快門速度 1/160 秒

STOP

STOP

當我沿著古巴首都哈瓦那 (Havana) 的海邊，尋找著願意被拍照的對象時，沒想到好運就自己找上門了。

那時有一群孩子們從街道上走了過來，抓著我的相機興奮地又叫又跳地說：『拍我、拍我』，而我也很快地幫他們每個人都拍了照。不過，其中有個女孩拍的時間特別長，她還跟我說：她可以做一個側手翻的動作，但必須等其他人都走了。

雖然後來這個翻滾的動作沒有實現，但至少她感到歡欣喜悅，就如她願意在鏡頭前擺出各種 POSE，整個畫面也變得溫暖許多 (就如當時的夕陽一樣)，而此刻她臉上的表情也變得既可愛又柔順。

Nikkor 300mm 鏡頭，光圈 f/5.6，快門速度 1/500 秒

為什麼人們會拒絕拍照？

攝影人不想拍人物照 (尤其是陌生人) 的主要原因之一，就是害怕被拒絕。

這是無可非議的，即使是最厲害的攝影者，在受到拍攝對象的拒絕時也會深感痛苦。我太太、小孩、母親和某些朋友曾不止一次拒絕讓我拍攝，就地點、光線而言我所認為的完美拍攝時機，對他們來說卻不然。

人們不想被拍攝的原因大致上可以分為 2 個。首先，大多數人之所以在您單純詢問時就表示拒絕，是因為在那個時間、地點、服裝以及沒有整理儀容的情況下，他們不認為您能拍出什麼好照片；但諷刺的是，這些被拒絕的原因，可能正好是吸引您拍攝的動機。

再者，人們之所以會拒絕，還因為他們不相信您的意圖，所以，想要贏得信任，沒有什麼比傳達您的誠意來得更為重要，這在拍攝家人時也是一樣。信任就像信心和營養，是全世界共通的需求，告訴他們您**為什麼**想要拍他們，總是有一個理由的，不是嗎？

此外，偷拍也不是個好方法，這樣對您的拍攝對象並不公平，而且您也難以讓這些照片做為商業用途，因為沒有拍攝對象簽署的同意書是無法 "過關" 的。儘管有些攝影者主張偷拍才能捕捉到真實的畫面，但我非常不能認同，我所拍攝過最好的人物照，都是因為有事先表明來意才得以完成。

拍攝人像的真正樂趣，是來自拍攝對象能隨意且願意擺出姿勢，以及當所有參與其中的人都對成像感到滿意的時候，我想強調的，是聆聽拍攝對象心聲的重要性，無論他們同意與否，或許您在心裡早對拍攝方式有所盤算，但在贏得對方信任後，您可能會發現他們對自己也有不同的想法 —— 我曾問過一個最重要的問題之一是：如果讓您選擇自己的打扮和拍攝的場景，我會看到什麼？您又會是在哪裡？這些問題的答案可能會讓您大吃一驚！

玩攝技：特別的攝影技巧

派瑞・瑟斯頓 (Perry Thurston) 曾是我念小學 4 年級時的一位同班同學，他老是愛跟我們的級任老師唱反調，放學的時候，我們都會把椅子倒掛在課桌上，但只有派瑞的椅子是右側朝上，他被叫進校長辦公室的時間，也幾乎比上課的時間還長。如今，我雖然不知道派瑞在哪、做些什麼，但我敢打賭，他如不是個發明家、就是工程師 —— 他總敢於提出質疑，且似乎總是 "逆向思考"，也從不管這樣做是對還是錯。

在這本書中，裡面包括了許多的攝影技術，應該夠您忙上好幾年；但我還是要很 "白癡" 的說：「如果您不照著我的建議做，就絕對會失敗」 —— 但其實這是反話！

在某些時候，請扔掉我那些所謂 "萬無一失" 的曝光方法，並且反過來做 —— 也許是故意不使用三腳架，或故意在曝光的時候移動相機... 等，只要嘗試得多了，說不定就會找到新的可能性也說不一定。

製造雨景

要製造 "雨" 的效果其實很容易，不論您選在清晨或傍晚「造雨」，都須謹記以下 2 點：(1) 使用搖臂式灑水器，才能達到較逼真的效果 (2) 場景要選在陽光由低斜角毫無阻礙地充分照明之處。

此外，拍攝時應面向陽光，使主體處於逆光中，也唯有逆光才能造成足夠對比，突顯出雨水的存在。一旦您準備就緒，就請記住一個簡單的原則：使用 1/60 秒 —— 只有 1/60 秒的快門速度，才能夠拍出雨景。

因此，首先將快門速度設在 1/60 秒，感光度設為 ISO 100 或 ISO 200，接著要進行測光，為了得到正確曝光，應在打開水龍頭前接近逆光的主題，使主題佔據畫面絕大部份來測光，並依照測光表指示調到正確的光圈，然後再後退重新構圖。

等到光圈快門設定完成，相機也安置在三腳架上，就可以打開水龍頭了。注意整瓶花或整盆水果是否都可以淋到雨水，如果不能，就應調整放置的位置，使花或水果完全處於雨水當中。當一切準備妥當，就可以趁灑水器的水掃到主題後方至正上方的時機按下快門。

相信您跟我一樣，都會滿心歡喜地迎接春天的來到吧！但太陽回來了、雨季也漸退 —— 至少**真正的雨**已經停了。所以，我拿草坪上的自動搖擺澆花器，在這些逆光的鬱金香上製造人造雨，同時以鬱金香後面的綠色背景為測光點，用 1/60 秒的快門速度，然後調降 2/3 級曝光得到光圈 f/10，啊～ 這真是春之樂啊！

80-200mm 鏡頭 (200mm 焦距)，20mm 接寫環，光圈 f/10，快門速度 1/60 秒

運用這種 "下雨" 得技巧拍花拍了幾年之後，我開始將這個效果也用在其他主體上，如這些在色彩鮮豔的草莓 (上圖) —— 我將藍色的碗放在一張小木凳上，以灑在草莓上的光為測光點，將快門速度設定為 1/60 秒，我得到 f/19 的光圈值，然後退後一步重新構圖，接著打開灑水器，在水滴撒落在碗上時按下快門。

至於右頁這張傑森的照片，我拿花園裡澆花的水管來製造 "夏雨"，但由於由於傑森不像雨水那樣是透明的，所以我必須拿一塊反光板，將太陽反射在他的臉上才能避免過暗；接下來就只需讓傑森的臉部佔滿整張畫面，將快門設為 1/60 秒，光圈調整到 f/11得到正確曝光。

另外，請注意到右頁照片在快門速度上的差異：較小的那張是用 1/500 秒的快門速度，雖然可以看出水的質感，但看起來一點都不像雨水。

上圖：80-400mm 鏡頭 (300mm 焦距)，光圈 f/19，快門速度 1/60 秒

右頁左圖：Nikon D2X，70-200mm 鏡頭 (200mm 焦距)，光圈 f/8，快門速度 1/500 秒

右頁右圖：Nikon D2X，70-200mm 鏡頭 (200mm 焦距)，光圈 f/11，快門速度 1/60 秒

用快門速度 "作畫"

不久以前, 攝影的 "法則" 就是要讓地平線保持水平, 並確保畫面對焦清晰, 所以, 要在非常慢的快門速度下, 以手持相機方式自由地拍照 (即不用三腳架), 是令攝影者難以置信的 —— 當然, 那些不守常規的攝影者時常被奚落, 因為他們的影像模糊而且失焦。

幸運地, 時代已經改變, 這個我稱之為『用慢速快門作畫』的這個點子, 已經為許多攝影者所擁抱;它不像搖鏡非常具有挑戰性, 作畫是相當隨興的事情 —— 當您把所有的東西確實湊在一起變成一幅畫時, 它是相當值得做的。

用快門速度作畫是相當簡單的技巧, 您只要在 1/4 秒至 1/2 秒的快門速度下設定正確的曝光, 然後按下快門鍵, 同時旋轉、做弧形、搖擺, 或向內上下、左右或轉圈地急拉相機。轉眼間, 就有 1 張速成的抽象畫了!

就像是莫內以筆刷和畫布作畫時一樣, 花園則是攝影者以快門速度作畫時的第一選擇, 但也別忘了其它值得創作的圖案, 如遊艇碼頭、水果、蔬菜市場、或是在美式足球賽裡站起來的擁擠群眾。

另外, 在光線不足 (微光) 下, 快門速度會降到 2 ~ 8 秒, 由於快門速度比先前提到的那些動作更慢, 因此就如畫油畫一般, 在這段曝光時間內會重疊上一層又一層的色彩, 很快地, 您就得到一張即席抽象畫了!

報春花與藏紅花向來很受歡迎, 因為它們預告了春天溫暖與晴朗的天氣即將到來, 我手持相機向下瞄準報春花的花圃, 相機在曝光期間只做了圓形的移動。

我很驚訝也很高興地發現, 這個圓形的移動拍出了 "一群正在飛翔而色彩豐富的海鷗", 一再地實驗能夠而且通常最後確實會成功, 尤其對數位攝影者來說更不必煩惱這些實驗會帶來高昂的底片成本, 因為這些成本不存在！

35-70mm 鏡頭, 光圈 f/22, 快門速度 1/4 秒

雖然幾個月前才來過西雅圖，但後來我還是帶著學生回到了西雅圖市中心，在那兒拍下了幾張超有動感的照片。

第 1 張 (左圖) 我把相機架上腳架，將摩天輪和著名的太空針塔 (Space Needle) 一起入鏡；至於第 2 張 (上圖)，我手持著相機，對著摩天輪開始 "作畫" —— 雖然這兩張在曝光上是相同的，但在 "畫" 摩天輪的這張，我則是盡了最大的努力，讓相機繞著塔本身旋轉。

兩張照片：12-24mm 鏡頭

這張照片是以紐約市聖派特瑞克節的遊行活動為景，用形狀和色彩所"畫"出來的圖案，是不是非常有意思呢？

當遊行的樂隊經過取景畫面時，我便以 1/2 秒的快門速度，由右向左追焦搖拍，同時轉動 70-200mm 鏡頭上的變焦環；在拍攝變焦影像時，最好從鏡頭廣角端開始構圖，再往望遠端拉長，譬如從 17mm 到 35mm、18mm 到 55mm、70mm 到 300mm —— 不過還是需要經過練習。

如果一開始的結果不如預期也別失望，這可能是因為您的變焦速度太快或太慢，只要多加練習，很快就能學會如何讓每張照片都變焦成功。

Nikkor 70-200mm 鏡頭，ND16 減光鏡，ISO 100，光圈 f/22，快門速度 1/2 秒

縮放 (中途變焦)

有一個既簡單、又能馬上看到效果的技法, 我稱之為 "起死回生" —— 在按下快門的同時, 一邊旋轉鏡頭的變焦環來『縮放』它。

此外, 您可以選擇是否要使用三腳架, 但我個人在這種情況偏好使用三腳架, 因為比較能得到乾淨的畫面, 而且就如前面提到的 "作畫" 技巧, **縮放** (中途變焦) 也很容易就能找到可拍攝的主體。

縮放鏡頭有時可創造出有如 "上帝的光芒" 這樣的意外驚喜, 就像這裡從橡樹後方所綻放而出的夕陽光芒一樣。

但實際上, 這根本不是什麼上帝的光芒, 而僅僅是我將相機固定在三腳架上, 然後在 1/4 秒的曝光時間內, 將鏡頭的變焦環從 35mm 端 "拉" 到 70mm 端而已。

Nikkor 35-70mm 鏡頭, 三腳架, ISO 50, 光圈 f/22, 快門速度 1/4 秒

如果到紐約卻沒去時代廣場, 那就等於沒來過紐約, 而如果到時代廣場卻沒試著 "縮放" 一下, 那就等於沒來過時代廣場！

在右頁這張縮放影像中, 如此充滿動感的能量, 清楚地表達出這個地方忙亂與繁華的活力。

Nikkor 70-200mm 鏡頭, ND8 減光鏡, ISO 100, 光圈 f/22, 快門速度 1/2 秒

一般情況下，我們會從變焦鏡頭的最廣角端平順、不間斷地轉動到最望遠端，但如果是超過 2 秒以上的長曝情形，如 4 秒、8 秒或 16 秒等，就可以使用另一種更為簡單的縮放技巧 (像上圖就是一般的縮放結果，由 120mm 緩緩轉到 200mm)。

至於右頁中的影像，則是所謂的 "分段變焦" —— 在此我將分做 3 段縮放焦段來曝光：首先將鏡頭調為 120mm，按下快門，等候 2 秒之後迅速轉到 160mm，過了 2 秒後再迅速轉為 200mm 並等候快門關閉。這樣仍然是 "縮放" 的技巧，但影像卻比較乾淨，而不會變成 "爆炸" 狀。

兩張照片：70-200mm 鏡頭，三腳架，光圈 f/16，快門速度 8 秒

把相機固定在...

Bogen 公司出了很多優秀的三腳架, 此外他們還推出許多有趣的配件, 讓您可以把相機安裝在任何想得到 (和想不到) 的地方。

我最喜歡的的小工具之一是所謂的 Bogen 魔術臂, 它完全拉長時可擴展到約 60 公分長。

另一種則是所謂的 Bogen 吸盤夾, 則輕易地可以吸附在各種地方, 附著力甚至媲美強力膠, 您可以利用吸盤將相機裝置在任何平滑表面, 包括牆壁、天花板、以及穿越隧道的車頂上。

至於 Bogen 超級夾鉗, 則能夠將相機夾在幾乎所有場所, 像是腳踏車、網球拍、高爾夫球桿... 等, 拍出的照片絕對會讓您的觀看者瞠目結舌!

我使用 Bogen 超級吸盤將相機和魚眼鏡頭安裝在我朋友菲利浦的車上 (左上圖), 試圖在穿過法國的長隧道中途拍照。為了拍出動作感, 我至少得選擇 1/2 秒的快門速度 —— 甚至 1 秒也不算太長 —— 於是我先在隧道內測光, 以便選擇可得到適當快門速度的光圈; 等出了隧道之後, 我再對準菲利浦的臉部測光, 發現 f/11 依舊可以得到 1 秒的快門速度, 得到這些 "數字" 之後, 一切便準備妥當了。

接下來, 我把相機安裝在車前蓋上, 鏡頭對準我們, 並在相機上裝置 Nikon 遙控接收器, 當車子開進隧道後, 我跟菲利浦就立刻戴上面具 (這樣看起來才有惡鬼的架式), 接著只需從車內按下 Nikon 遙控器來啟動快門。再開過好幾條隧道之後, 我們終於拍出一張滿意的照片了!

有一點我必須聲明: 菲利浦的車原本是淺藍色的, 但在用 Photoshop 調整色彩的過程中, 意外得到如圖中的鮮紫色, 我越看越喜歡這個顏色, 便決定讓這台車變成紫色了!

17-55mm 鏡頭, ISO 100, 光圈 f/11, 快門速度 1 秒

Nikkor 全幅面 (Full-frame) 14mm 魚眼鏡頭, ISO 100, 光圈 f/16, 快門速度 1/2 秒

Bogen 魔術臂足以支撐我的 Nikon D2X 和魚眼鏡頭, 因此我將它安裝在購物車上, 並接上約 60 公分的快門線, 當我太太的朋友凱撒琳推著她的女兒維多莉亞穿過雜貨店的走道, 我便用快門線啟動快門。在我們開始移動推車前, 我已經設定好相關的曝光設定, 同時由於現場都處於日光燈下, 所以我也將白平衡設為日光燈 (螢光燈) 模式。

拍攝 "鬼影"

要拍攝鬼影，有一點很重要的是：您要相信有鬼的存在才行！當然，這不是真的啦，但如果這種長曝的效果對您來說非常有趣，您就會對這樣的曝光技巧深感興趣。

首先是尋找出現鬼蹤跡的最佳地點，這當然是新英格蘭地區老舊的維多莉亞式建築；此外，由於鬼多半都是在晚上出現，因此您得攜帶三腳架，並使用慢速快門；還有，鬼的天性是比較 "害羞" 的，所以您至少要給他們約 8 秒鐘以上的時間，才能讓它們 "顯露" 出來。

補充 另一點也相當重要，那就是在拍攝過程中，您必須保持靜止狀態 (很緩慢的動作)，因為有任何風吹草動的話，"鬼" 就逃掉啦！

我在自家公寓的 "洞穴" 裡，拍到這張鬼照片。當時相機放在三腳架上，調整好光圈和快門速度，好得到正確的曝光值。

拍這張照片的點子是我和 2 個女兒看了七夜怪談這部片後想到的，後來投硬幣的結果，決定由蘇菲扮演幽靈。她穿上白色洋裝打著赤腳，站在 "洞穴" 中蒙上灰塵的走道前方，在 8 秒的快門時間內，前 4 秒她站在原處不動，後 4 秒則躲進她左邊另一條短小的走道中。由於她只在畫面中待了一半的曝光時間，看上去會變得半透明，就像幽靈一般 —— 很不賴吧？

12-24mm 鏡頭，三腳架，ISO 100，光圈 f/8，快門速度 8 秒

刻意過曝

當您最後一次刻意讓影像過曝？我指的不是 "無意間" 過曝, 我指的也不是過曝個 1 ~ 2 級, 我的意思是刻意過曝個 3 ~ 4 級！

就像做實驗一樣, 過曝 3 ~ 4 級不見得每次都能成功, 相反的, 它往往都是失敗的結果居多。不過, 如果您真想嘗試, 建議您試試以下這個簡單的招數：主體的受光要均勻 (也就是順光條件), 在陰天的漫射光、甚至是人工照明, 那就是最好的了。

在新加坡裕廊飛禽公園的一個小湖邊, 我將相機固定在三腳架上, 拍下了如右頁上圖的紅鶴照片。在獲得了正確曝光之後, 我開始調整快門速度, 從原本的 1/500 秒到 1/250 秒 (+1 EV)、1/125 秒 (+2 EV)、1/60 秒 (+3 EV) 到 1/30 秒 (+4 EV) —— 最後這張過曝 4 級的影像, 呈現出截然不同的風貌。

兩張照片：70-300mm 鏡頭 (300mm 焦距)

右頁上圖：光圈 f/8, 快門速度 1/500 秒

右頁下圖：光圈 f/8, 快門速度 1/30 秒

實用攝影工具

攝影者所要持續面對的挑戰之一，就是把心中的想法付諸實現，但所謂『工欲善其事，必先利其器』，其中最重要的，除了是在攝影的技術面之外，能否找到新的方法、或新的工具來解決曝光上的問題，才能將想法實現。

在今天的攝影市場中，充斥著大量的的設備、技術、和必要的拍攝訣竅，足以應付各種的拍攝情況；而接下來所談到的幾個攝影工具，並不代表是一個人一定要具備的完整列表！可能對某些人來說，這些工具可能太多了，也幾乎用不到那麼多。但是，在我看來，這些工具將可提供一條更為便捷的攝影之路，讓您拍出任何想拍到的畫面。

三腳架和雲台

三腳架真的有那麼重要嗎？當您聽到一些攝影者說，特別是當有 IS 或 VR 防手震鏡頭，以及高 ISO 拍攝的情況下，根本不需要用到腳架。但這些人可能沒注意到，三腳架所帶來的穩定度是任何防手震技術做不到的、也是更簡單的穩固手段。

此外，用三腳架也會迫使您的動作慢下來，也就能真正看到您所想拍到的畫面，而使用三腳架更能讓您在長曝 (超過 1/4 秒以上) 時，能真正獲得最清晰的影像品質。

如果您不想用三腳架，又該怎麼表現出瀑布如絲綢般的流動效果？或是拍出都會夜景中，川流不息的車尾燈跡？再說了，一旦您想拍微距或特寫畫面，那就更需要用到三腳架，因為只有三腳架，才能讓您獲得最清晰銳利的影像細節。

此外，由於微距 / 近拍下的景深非常淺，即使光圈縮到 f/22，前後景清楚的範圍往往也不超過 2 公分；而低 ISO 加上小光圈的組合，也意味著曝光時間會慢到 1/30 以下、甚至到 1 秒以上 —— 想用手持拍攝根本辦不到。

當您想挑選一支三腳架時，碳纖維的三腳架最值得考慮，因為碳纖維比起合金或塑鋼來得輕很多；接著是考慮三腳架的高度，當腳架的 3 隻腳完全伸長時，其高度最好不要超過下顎，也不要低於胸部。此外，部分三腳架的 "腳" 是可以完全攤平的，或是中柱可完全抽出、倒置、或改放其他位置，這對想拍攝低角度、或需要貼平地面 (水面) 的取景角度，會有絕大的幫助。

在拍攝這種充滿動作的畫面，最主要的目標就是呈現出最具動感的影像，所以就需要更長的曝光時間，和一個穩固的三腳架。

Nikon D2X, Nikkor 200-400mm 變焦鏡頭 (400mm 焦距), ISO 100, 光圈 f/16, 快門速度 8 秒, 陰天白平衡

最後, 您得要考慮到三腳架雲台, 這是最重要的, 因為它支撐著相機和鏡頭大部分的重量;目前雲台有多款不同風格、型態的種類, 但購買前最好先測試雲台和相機的 "契合度" —— 看看是否好裝、好拆、好拿, 是否穩固、是否易於鬆落等。如果架上相機後, 雲台會產生晃動, 那就代表您需要另一個更堅固的雲台。

此外, 要試試雲台的水平和垂直方向 (裝上相機時), 看看是否會 "卡住", 或是有操作手感不順暢等, 而雲台上的快拆板是否容易拆下、裝上, 是否有安全、簡便的鎖定裝置, 其他還包括使用的材質是金屬或塑料板, 以及拆裝滑軌是否流暢、無窒礙等, 都是可列為檢查的重點項目。

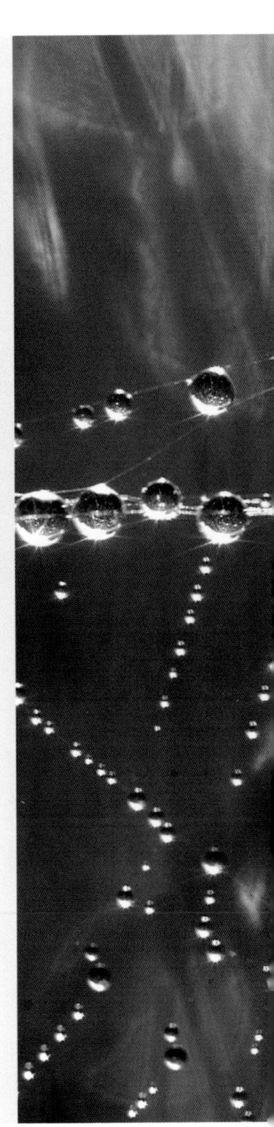

這兩頁照片雖然拍攝的是不同的主體, 但全都需要用到三腳架, 也才能成功地拍下它們。對於右頁的影像, 我將相機固定在三腳架上, 除了穩固相機外, 更可確保被攝主體能和焦平面完全平行 —— 因為在近拍或微距等情況下的景深非常地淺。

而上面這張, 同樣也是先把相機置於三腳架上, 同時在取好景之後, 就先拍了幾張, 用以檢視曝光狀況;等到一對夫婦從我身後走進畫面中, 那真是最好不過的快門機會了!

上圖:70-200mm 鏡頭, ISO 100, 光圈 f/22, 快門速度 1/125 秒

右頁圖:Micro-Nikkor 70-180mm 鏡頭, 光圈 f/22, 快門速度 1/30 秒

別買便宜貨！

在我攝影的 30 幾年當中，我已經學會了許多寶貴而慘痛的教訓，其中有一件事更是絕對地肯定：那就是在買腳架時，千萬不要挑最便宜的！

什麼價位算是我所謂的便宜貨呢？我覺得如果腳架和雲台的價格加總起來，如果在新台幣 5000 元以下，就太過便宜了！而且大概用個 2 ~ 3 年，您就可能得再換一支腳架 —— 這樣幾年累積下來，這些多花的錢將遠遠超過一開始就買一隻好腳架的價格。

所以，買腳架請一次到位，不要為了貪小便宜，結果更傷財。

自拍器、反光鏡鎖定、和快門線

除了三腳架之外, 還有一些小配件 (或設定) 可幫助您拍出更銳利的影像, 那就是相機內建的自拍器 (倒數自拍功能)、反光鏡鎖定功能、快門線、和一個無線遙控觸發裝置。

您會怎麼使用這些工具, 在某個程度上取決於您所設定的快門速度。很顯然地, 如果您都是用手持相機來拍照, 快門速度也都在安全快門之上, 那麼這些工具可說是『英雄無用武之地』; 但很多時候, 您發現到快門速度太慢, 甚至慢到無法用手持拍攝, 這時除了用三腳架來固定相機之外, 您可能會需要用到反光鏡鎖定和快門線。

以我個人的經驗來說, 如果快門速度低於 1/60 秒, 您就**必須**使用三腳架; 而如果快門速度低於 1/15 秒, 那麼您**更應該**使用快門線或相機的自拍器 (倒數自拍) 功能 —— 如果相機有提供反光鏡鎖定, 那就打開這項功能。

但是, 如果現場有風 (任何的風), 就**不要**啟用自拍器! 因為主體可能會受到風的影響, 而拍出模糊的影像。此外, 部分相機有提供多次延遲自拍 (如 2 秒或 5 秒) 的功能, 這對拍攝間歇攝影或縮時攝影將會很有幫助。

在拍攝這張美國舊金山天際線的經典畫面時，我用一個穩固的三腳架將相機和鏡頭架上上頭，焦距設為 50mm，光圈則先用最大的光圈 f/2.8，接著我對著上方的天空進行測光，得到快門速度為 1/2 秒。

為了能捕捉到大橋上車水馬龍的燈跡，我必須讓快門速度拉長到 8 秒以上，換言之，快門降了 4 級，則光圈也必須縮小 4 級——於是我把光圈重新設為 f/11，則曝光時間即為 8 秒，接著我按下快門線釋放快門，最後就拍出您所看到的這張照片。

35-70mm 鏡頭 (50mm 焦距)，光圈 f/11，快門速度 8 秒

偏光鏡

在現今市場上眾多的濾鏡當中，偏光鏡是每一個攝影者都必須要具備的濾鏡之一，它最主要的用途是消除主體的反光，如玻璃、金屬以及水等等。在晴天時，當您與太陽成 90 度時，偏光鏡的效果最好，所以側光 (當太陽照射您的左邊或右邊肩膀時) 是運用偏光鏡最普遍的光線狀況；而只有當您與太陽成 90 度時，才會達到**最大的偏光效果**，因此如果太陽位在您的後方或者正前方，偏光鏡就會一點效用也沒有。

有經驗的攝影者絕對不會喜歡在大晴天的正中午時工作，因為此時的光線實在太硬，但如果您一定得在此時拍照，偏光鏡可以幫上您的忙。這是因為太陽就在您的正上方，不論您面對東南西北面都與您成 90 度。

而若您在清晨或傍晚時拍照，每當您往北邊或者南邊拍攝時，我想您也會想要使用偏光鏡。因為在這個狀況下，您與太陽成 90 度，當您轉動偏光鏡時，您就會清楚地看見變化：藍色的天空以及白雲會突然 "跳出來"，顏色變得更深，反差也變較大。

為何會如此呢？因為光波是以上、下或者傾斜等各種角度移動，而最大的反光來自於垂直光波，而且在太陽與您成 90 度時，反光最為強烈。偏光鏡就是設計來消除這種反光以及阻擋垂直光波，只讓顏色較為飽和的平行光進入，以使底片或感光元件曝光。

由於我的視點與從我左側來的早晨光線成 90 度, 因此這張在德國阿爾卑斯山的新天鵝堡景色便是一個運用偏光鏡的好機會。在第 1 張照片中 (上圖), 我沒有使用偏光鏡, 因此您可以看見整個畫面佈滿薄霧, 缺乏了明豔的藍天、遠方山脈的細節以及不立體的綠色與草地; 對照第 2 張照片 (下圖), 加上偏光鏡之後, 我旋轉偏光鏡以達到最大效果, 差異變得非常明顯, 甚至本來孤單且模糊的雲朵都變得鮮明且多了許多同伴。

兩張照片:35-70mm 鏡頭 (35mm 焦距)·
上圖:光圈 f/8, 快門速度 1/250 秒
下圖:光圈 f/8, 快門速度 1/60 秒

要注意的是, 如果您移動方向使您與太陽的角度變成 30 或 45 度, 偏光鏡的效果也會只在畫面一半或 1/3 部分出現, 因此畫面中只有一半或者 1/3 的藍天會比剩下的藍天色彩更飽和 —— 或許您已經在您的一些風景照片看過這種現象, 而您現在就知道為什麼會這樣了。

那麼只有在晴天時可以使用偏光鏡嗎? 當然不是! 事實上, 在多雲或者雨天, 垂直光波還是與晴天時一樣多, 這些垂直光波會在潮溼的街道、金屬以及玻璃表面 (如車子以及窗戶)、葉子以及水體的表面 (如溪流) 造成不鮮明的反光, 運用偏光鏡便可以將這些晦暗的反光都去除。

我不能沒有偏光鏡, 尤其是在雨天！這是每一次當您在樹林中或雨天拍攝時, 都能幫助您的好物！只要薄薄一片就可以消除連 Photoshop 也無法修正的雨天反光。

不信您自己看看, 在左頁圖這張沒有使用偏光鏡的照片中, 請注意溪流、岩石以及樹葉都反射了灰暗的天空顏色；但在使用偏光鏡後 (上圖), 您會發現前幾秒因反光而慘澹的景色突然亮麗了起來。

但由於偏光鏡會減少約 2 級的光量, 因此我必須拉長 2 級快門 (1/4 秒改為 1 秒) 來補償 —— 所以此時就一定得用三腳架以及利用自拍器來啟動快門。

兩張照片：24mm 鏡頭

右頁圖：光圈 f/22, 快門速度 1/4 秒

上圖：光圈 f/22, 快門速度 1 秒

減光鏡

有沒有濾鏡可以減少景深？有沒有濾鏡可以讓畫面拍出動態 (搖拍) 效果，或者讓奔流的瀑布變成一片白茫茫的泡沫海？沒錯，的確有，而它的名字就叫做**減光鏡**(Neutral Density Filters，中性密度濾鏡，亦稱 ND 鏡)。

減光鏡唯一的用途就是減少入射光的亮度，它作用的原理就跟太陽眼鏡一樣，將整體的亮度降低，但又不影響畫面的色調；而且就像是太陽眼鏡也有深淺不同之分，減光鏡也有減多少光的差別，例如，ND4 的減光系數為 2 級，而 ND8 的減光系數則是 3 級。

將光線減少之後，您便可以使用大一點的光圈 (讓景深變淺) 或者長一點的快門時間。舉個例子來說，假如用 ISO 400 想要將瀑布拍成棉花糖一般，第一步我會將鏡頭的光圈縮到最小，在這邊我們假設光圈是 f/22，然後經過測光錶測光而顯示的快門是 1/15 秒；但在這個快門下沒有辦法達到棉花糖的效果，因為快門還是太快，最少也得要 1/4 秒的快門才能夠達成這個效果。

此時，如果我使用 ND8 減光鏡，我就可以降 3 級光線，我的測光錶會告知我 f/22 與 1/15 秒這個曝光值會曝光不足 3 級，因此我必須重新設定快門至 1/2 秒 (從原本的 1/15 秒、降到 1/8 秒、再到 1/4 秒、再到 1/2 秒，共連降 3 級)，這樣我才可以有足夠慢的快門來達成這個效果。

還有另外一個「難題」只有減光鏡可以解決。假設您正在戶外花市拍攝一個小販的肖像，您讓您的主體站在花店前約 3 公尺的地方，而您想要所有的視覺重點都集中在這個小販身上，因此需要背景的花都落在景深外。因此，您選擇中望遠鏡頭 (大概是 135mm)，並且使用大光圈 (假設是 f/4) 來限制小販的景深，當您在調整您的快門時，您發現您已經轉到底了 (假設是 1/2000 秒)，但您的測光錶告訴您還是過曝 2 級。

這時, 您可以選擇縮光圈到 f/8, 但這樣就會增加景深, 讓背景的細節太過清晰;或者您可以使用 ND8 減光鏡, 就可以將快門值降到 1/1000 秒, 並且得到正確的曝光值, 同時還能保持您想要的景深。

我將相機以及 80-200mm 鏡頭架在腳架上, 光圈設定為 f/22, 因為我知道這麼小的光圈會得到最慢的快門。為了要用我的變焦鏡頭來使這叢花 "爆發", 所以我需要非常慢的快門, 要多慢呢？一般來說最慢不是 1/2 秒, 就得要 1/4 秒；但當我在調整快門時, 我發現我的測光錶顯示 1/30 秒 —— 幸好我有 ND8 減光鏡！我將濾鏡裝上鏡頭, 如此一來我就有 1/4 秒的快門了；接著我按下幾次快門, 並且同時將鏡頭由 80mm 端推至 200mm 端, 有些顯得短了些, 但這一張以及其他幾張就拍的很美。

80-200mm 鏡頭, 光圈 f/22, 快門速度 1/4 秒

漸層減光鏡

與減光鏡不同，漸層減光鏡同時包含了減光鏡與透明鏡片，這就好像是某些太陽眼鏡只有在鏡片的一部分有上色一樣，因此不會像 ND 濾鏡將整個畫面的光都減弱，漸層減光鏡而只會削弱畫面中某一部分的光線。

假設在日落後，您在沙灘上想利用您的廣角鏡頭拍下色彩豐富的天空、沙灘上的幾棵小石以及不斷拍上岸的浪潮。利用敘事曝光法，您選擇最小光圈 f/22 來達到最長的景深，然後您將相機指向天空得到 1/30 秒的快門，但如果您以沙灘為目標測光，卻得到 1/2 秒的快門，相差了 4 級曝光值。如果您用 f/22 以及 1/30 秒來拍攝，您可以拍到色彩豐富的天空，然而前景的沙灘便會曝光不足而漆黑一片。若您用沙灘的測光值來拍攝，那麼天空就會完全過曝，美麗的顏色也都會消失。

最快的方法之一就是使用插入式漸層減光鏡來 "改變" 天空的曝光時間，好讓天空與沙灘的曝光值相近 —— 與一般的旋入式漸層減光鏡不一樣，插入式濾鏡是一片正方形或者長方形的鏡片，使用時要插進裝在鏡頭前的濾鏡架，如此可以讓您上下移動濾鏡，或者轉動濾鏡並且固定在某一個角度，這種插入式濾鏡組提供了一個可以依照場景更換濾鏡的完美方案。

在上述的這個例子中，將可降 4 級的漸層減光鏡放置在鏡頭前，讓有減光效果的部份涵蓋住天空，如此就能均衡整體的曝光。除了天空之外，您不會希望減光鏡遮蓋住其他部分，因此把濾鏡裝上去之後，必須讓減光部分與地平線對齊，這樣天空的部份便會減少 4 級的進光量，您就可以用 f/22 與 1/2 秒的曝光值來拍攝。

佐敦谷 (Jordan Valley) 是美國奧勒岡州一個平靜的小鎮, 它位於愛達荷州邊境附近, 居民多以養羊和銀礦開採為業, 是個個歷史悠久的小鎮。

為了拍攝這樣的月升的夜景照, 我把相機置於三腳架上, 並在鏡頭前方加了一片可減 2 級曝光的漸層減光鏡, 然後對著地景中的綠色景觀測光, 獲得了 f/11 和 1/15 秒, 接著我重新構圖、對焦、並按下快門 —— 由於此時天空的月亮已經升起, 所以若沒有漸層減光鏡的協助, 此時的天空早已過曝約 2 級了。

35-70mm 鏡頭, 漸層減光鏡, 光圈 f/22, 快門速度 1/15 秒

這張照片的關鍵在於天空與麥田間的曝光值相差 4 級，我將相機以及鏡頭架在腳架上，光圈設定為 f/16 並且對著田野測光，如此我得到了準確的田野測光值，但犧牲了天空的顏色與雲朵的細節 (右圖)。

第 2 次拍攝時 (右頁圖)，我把漸層減光鏡擺到鏡頭之前，如此就可以同時讓田野與天空都得到正確曝光 —— 這 2 幅影像的曝光值都是光圈 f/16 與 1/4 秒的快門速度。

如果您沒有漸層減光鏡，則可分別對天空以及麥田各拍一張曝光正確的照片，然後利用 Photoshop 裡的圖層將兩張合併為一張，最終的結果會是一樣的。

兩張照片：35-70mm 鏡頭，光圈 f/16，快門速度 1/4 秒

對齊濾鏡

如果您的相機有景深預覽按鈕，在使用漸層減光鏡時記得要按下這個鈕。當您在上下調整濾鏡時，您便可以清楚的看見畫面中那一個部分會被濾鏡的減光部分所涵蓋，使用景深預覽可以確保每一次都能精準對齊分界點。

Flag Publishing

http://www.flag.com.tw